活在网络里
大升级时代的人类新进化

［英］安迪·劳（Andy Law）◎著
郑常青◎译

UPGRADED
HOW THE INTERNET HAS
MODERNISED THE HUMAN RACE

电子工业出版社·
Publishing House of Electronics Industry
北京·BEIJING

≫ 致谢
ACKNOWLEDGEMENTS

谢谢。

谢谢所有我遇见过、聆听过、一起讨论过的人们。

为此书做出贡献的人如此之多，以致无法在本文中一一提及。

但有些人我需要提到。谢谢我的太太亚莉珊卓，谢谢你帮我打开了有着无限可能的互联网世界，且为我收集了无数关于互联网改变人类的证据。感谢你点亮了我们未知的世界互联网——如何作为一门独特的学科开展学习、成长，最后创造出让人兴奋的景象。感谢你阅读本书的初稿，认真整理并反复推敲，最后在我不经意中组成终稿。你为此付出了不可估量的努力。

我的孩子们也为此贡献了不少，他们的表现往往出人意表。

首先需要感谢我的儿子汤姆。在你四岁的时候互联网出现了，并从此一直伴随着你成长，并带来了无尽精彩的变化。是你教会我在网上进行认证、在网上工作。你还解释了创意的艺术，尽管今天技术的发展升级了人类的技能，很多（前）专业的创意产品和服务已经不再重要。

其次，感谢我的女儿李维，你与互联网同龄，紧紧地追随着互联网的步伐。你毫不费力地展示了你的数字天赋如何轻易抓住别人看不到的机会。

最后，感谢维尼夏，你在互联网五岁的时候来到这个世界。当你 10 岁的时候，社交网络已经飞入寻常百姓家。你和普通人一样：写博客、冲浪、检索、聊天等。实际上，你已经在互联网上实实在在地存在着。或者说，互联网是你与生俱来的一部分，也可以说，在某种意义上，也是我们的一部分。

"要了解现代技术，就得问 10 岁的孩子"。虽然这是老生常谈，但我真的这么干了。谢谢马泰奥，教会了我许多游戏的深度奥秘，包括 Minecraft（译者注：著名沙盒游戏《我的世界》）、PewDiePie（译者注：著名游戏《兄弟拳传奇》）、Syndicate（译者注：著名游戏《暴力辛迪加》）等，同时还教会我在充满隐私、粗暴、危险且常常无法逾越的虚拟世界里面，怎样把自己活成独特个体。你还让我认识到年轻人正通过互联网为自己正名——年轻人已经不是中年人眼中垮掉的一代。

感谢真正的"互联网之父"温特·瑟夫，他关于星际互联的演讲给了自大的我们一记响亮的耳光，提醒我们依然处在万物互联的黎明前。

很多同事和朋友为我的思考提供了很多帮助。没有他们，我无法深刻理解前互联网时代软件工业遗产令人难以置信的重要性和价值，也无法了解"黑链"各种激动人心的应用，更加无法了解关于公共和私有网络的新传输模式；甚至，无法了解经过多年尝试后的各种新技术的发展，如虚拟、混合现实技术、机器人学、人工智能等，它们正在与互联网一道创造下一个惊心动魄的产出。

特别感谢艾德里安·吕，他为上述核心技术发展提供了重要的视角。还要感谢迈克尔·贝勒，他是第一个和我提到"翻转网络"概念的人，为我打开了许多"活在网络里"的窗口。

一如既往地谢谢我的代理人和编辑马丁·刘，在我写了五本书后，持续鼓励我开始下一本。

还要感谢在过去两年里，我所读过的那些文章的数百名作者，你们丰满了本书，也填补了我许许多多的知识缺陷。

感谢你们。

》译者序
PREFACE

互联网发展到今天,一切都出人意表但又显得那么自然。几乎所有人都意识到互联网正在改变着这个社会,但又有多少人意识到人类已经悄然升级了呢?或者说又有多少人对这种升级视而不见呢?

作者赞成麦克卢汉的观点,认为一切技术都是人类生理与神经系统的延伸,目的在于加强我们的力量和速度。故作者从升级的角度出发，将互联网技术视为人类的一次升级行为。比如，今天在技术的帮助下，我们可以升级成为"千里眼"、"顺风耳"。

我认为从人类升级的角度看待互联网是非常新颖的视角。目前，国内关于互联网的大部分文章、书籍都倾向于围绕着需求、痛点，甚至"痒点"等小着眼点，往往是在论证某种需求是否存在，某个市场是否能通过验证，或某个产品的用户体验是否做到极致。相比之下，本书显得相对大气——它将互联网视为人类能力的延伸、升级，正如"对生拇指"对于我们祖先的作用；不同的是现在由DANTI，即数据（Data）、自动化（Automation）、新技术（New Technologies）与互联网（Internet）驱动技术发展出人类新的"对生拇指"。吃透本书回头再看市场、产品、需求，必然有所裨益——所有一切技术、服务、产品都应该为人类的升级服务。

本书最难得之处是全面地从衣食住行、休闲娱乐、人际关系、货币交换及虚拟性爱等各方面描述互联网对人类现在及未来的影响。书中还大量采取了人类学家、经济学家、银行家对互联网发展的观点，还引用了互联网企业最新的案例，试图用短短的篇幅还原过去20多年来互联网发生和改变的一切。

此外，本书阐述了在互联网下半场，人类将如何升级以及人类为什么必须升级。作者认为，对于技术的发展，悲观者的思想无可厚非，因为在人类进化过程中，知晓危险也许可以避免灭亡；但作者却认为，互联网的浪潮不可避免，抛弃悲观的思维定式是升级的关键。

本书篇幅不长，但所阐述的问题清晰、角度精妙、语言生动，所涵盖的内容基本都是人类社会发展过程中不可或缺的因素，其思想值得互联网从业人员（尤其是管理和营销人员）、社会工作者、政府决策者、学者思考和借鉴。

郑常青于白云山北麓

≫目录
CONTENTS

第一辑　　不可描述的互联网　//001

第二辑　　人类的延伸网　//013

　　装备的升级　//014

　　我们的已知　//020

　　互联网下半场意味着什么？　//023

　　我们都是智能物种　//026

　　向"全息船面"更进一步　//035

屏幕的"躲猫猫"游戏 //038

APP 人类 //043

技能转移及技能扩展 //053

第三辑　　出行升级：拓宽视界　//065

全能圣人可随时抵达任意地方 //066

我们的"义肢"——手机 //069

从骑马、驾车升级到智能物种 //072

和我一起飞？我们还能做得更好 //075

星际互联网 //079

太空不是最后的疆域，我们才是 //081

"把我传上飞船" //085

光阴似箭，日月如梭 //087

区块链技术的应用　//091

　　安全出行　//093

第四辑　　消费升级：专业化的人类　//099

　　索取者　//104

　　极客投身董事会　//107

　　产消者　//122

第五辑　　娱乐升级：永不停歇　//129

　　虚拟性交　//137

　　大型游戏　//139

第六辑　　关系升级：我们都是亲友　//149

　　我们是全能的数据包，我们将永生　//150

　　大卫·鲍威与其不朽　//153

　　不需要交际的交流　//158

事实上，人类是"数据产物"　//160

爱与性：一切都是数据　//162

第七辑　　升级吧，人类　//177

国家之间联合成为新力量　//182

翻转学习　//186

世界脑　//189

自然自在　//198

使用和滥用　//202

第一辑
不可描述的互联网
YOU CANNOT WRITE ABOUT THE INTERNET

我们现在描述不了互联网，反而是互联网在书写着我们。它已经变成了我们的记忆载体、交互工具、社交与商业行为。

本书无法追上互联网发展的步伐，在本书交付印刷后，网络空间又涌现了无数新鲜事物。

本书可以说是填补了另外两本书的缝隙。一本是《聚爆》(Implosion)讲述了互联网最初的20年的发展历程及影响；另一本是《三部曲之三》(The Third book in the Trilogy)，关注未来20年在互联网的干预下，社会的变革，物质、文化的蓝图。难道是我手握水晶球吗？实际上，很令人诧异，你也可以准确地预测不远的未来。这也是互联网最令人疯狂的因素之一。你可以预测它，因为互联网给予的很多东西都是为了促进简化。如果我们觉得有什么东西需要简化了，互联网或多或少可以实现它。我们回头看看赫伯特·乔治·威尔斯、马歇尔·麦克卢汉、阿尔文·托夫勒等人多年前的预言，几乎都实现了。赫伯特·乔治·威尔斯在1938年曾经预言，终有一天全世界人手一台收音机，数以十亿计的收音机将接收到各种广播的传输，并可形成一张网络，成为世界"大脑"，掌握着世界的知识并可以向每个人发送重要的新闻。

1966年，马歇尔·麦克卢汉精准地预测了网上商城将成为现实。他描述

> 人们在90年前已经预测到互联网的产生。

道,以后人们在线上商店,足不出户通过电话和施乐多功能机直接下单订购商品。阿尔文·托夫勒在1970年出版的《未来的冲击》(*Future Shock*)一书中惊为天人地预见了互联网驱动的人类生活。托夫勒认为,未来的社会结构将发生重大改变,人类将从工业社会进化到"超级工业社会"。10年后,在他的另一本书《第三次浪潮》(*The Third Wave*)中,他引用了"产消者"的概念。他预测,未来社会产品会高度个人化,他认为消费者与生产者之间可能达成某种合约关系,生产者为消费者量身定做产品。

人类狼狈、疯狂、野蛮,对自身带来的感知变化的反应是爱、恨、愉悦、挫折、恐惧、体验、沟通、改善等其中一种。故本书是一种观察,因为是互联网书写了我们的生活,而且它还以纳米秒为单位的速度发展着。

不可否认,互联网的发展也带来了很多问题。

正如，我们拥有一名智者（如谷歌），它是隐形、非人类，但可以回答我们关于生活的所有问题，这不神奇吗？

我们的知识已经提高到一个全新的台阶。我们很少质疑我们从网上得到的答案。不像对待希腊、罗马的神谕和预言，我们对互联网无边的法力不会心存敬畏，我们以为一切都是动动指尖的事情。我们是否已经与该智者建立起足够的情感联系，让我们会哀悼它的离去？或者我们没有感觉到谷歌赋予的强大力量？相反，我们仅仅体验它的强大，但认为这是我们个体的增强——我们拥有这样的力量！我们可以强大。

我们喜欢这样的强大吗？

我们真的了解反馈与传输速度给我们带来的作用吗？互联网发展

> 互联网发展之快，超越我们创造的任何事物。

之快，超越我们创造的任何事物。我们的发展到了可以适应互联网速度的程度了吗？从我开始撰写本书的几个月来，互联网又迅猛地发生了很多扣人心弦的变革。

本书所采用的数据和案例仅仅是很小的一部分证据，远远不足以构建整个互联网故事。本书犹如一辆高速行驶的列车的一张即时截图，而该列车上无数乘客正上演着数以亿计的行为，在数以兆计的车站上上下下，有些事情可能只会存在几个小时。我们只能按下暂停键，才有机会认真端详正在发生的一切，并为我们明天的社会提供足够的看法，包括文化、社会学、商业行为上的看法。

当我告诉别人，我正在写一本关于互联网如何改变地球上每个人的书的时候，他们都认为，该书将描述一个乌托邦式，扭曲、令人畏惧的世界。

人类之前过于关注互联网的负面影响。在人类进化的过程中，重视负面影响而忽略正面影响是有原因的。在人类进化的早期，知悉危险有助于远离灭亡，这是重要的生存技能。实话实说，负面视角远远比正面视角有市场，并更具备传播性。正所谓"好事不出门，坏事传千里"。

例如，我们讨论自动化的时候，不自觉地会担心自动化机器所带来的自动化生产而造成我们的失业（比如机器人的出现）。在人类进化过程中，受到太多类似的威胁和惊吓。托马斯·哈代的著作《苔丝》（Tess）讲述了机械进入农村带来的恐惧。约翰·梅纳德·凯恩斯在20世纪30年代扩展了"技术性失业"的概念——"采用比守旧劳动力更加经济的新型劳动力而造成的失业"（译者注：普遍理解成技术发展带来的失业）。约翰·F.肯尼迪于1961年在劳动部设立自动化与劳动力办公室，明确20世纪60年代的工作重心是解决自动化替代人类后带来的失业问题。

未知确实很恐怖，但对我们而言也是至关重要的。未知激起人类探索的好奇，同时促使人类去变革和构建崭新的、可赖以生存的机制。方向盘、蒸汽机、电力等都如此。

促进社会发展、安全、健康和教育的发明都是我们所期待的。提高生活质量的理念也是自然选择。但请认真思考以下三种事实（见图1）。

图1　互联网的三大"首要"特征

（1）人们并没有翘首期盼互联网的到来。虽然说需求是创新之母（不满足是创新之父），但没有社会学家、哲学家、出版商、商人、媒体人或者律师曾经提出使用 HTML 的需求。

（2）互联网一直没有试图修复某些被破坏的东西。在 1992 年，世间万物都好好的，我们也正常地和其他人沟通交流，正在享受着全球通话的乐趣；TAT-1（Transatlantic No.1）是世界上首个横跨大西洋的电话系统。它是 1955—1956 年由邮政局电缆船"君主"号（Monarch）架设，从苏格兰靠近奥本（Oban）的格拉纳奇湾（Gallanach Bay）连接到加拿大的克拉伦维尔（Clareville）。它在 1956 年 9 月 25 日首次投入使用，带有 36 条电路增音机。在第一条线路的 24 小时服务中，从伦敦拨打到美国的电话共有 588 次，从伦敦到加拿大的通话共 119 次。

（3）互联网的出现并不是为了去中心化，也不是为了消除现实社会和商业结构中的中介服务。它仅仅作为电脑之间传输文件、图片的一种方式，它是由正面的精神创造的。

互联网的初衷是一种辅助工具，或者说是促进者。后来人们学会了使用互联网优化生活中的方方面面（如果不是所有）的问题，这不能怪互联网本身。

2015年12月9日，多伦多的出租车司机爆发了大规模抗议Uber服务的活动。

> 互联网本身并不意图改变现状。

这些司机或许可以想象到，并非互联网本身给他们带来无数竞争对手，而是更加优质的用户体验。互联网动摇了过去无法满足基本需求的服务和产品的权威性，尤其是那些琐碎的繁文缛节的服务和基本的信息沟通都无法做到的产品。

守旧的势力认可目前的社会阶层、教育、规矩和智慧，它假设所有的消费者都是容易糊弄的，而商业管理工作非常复杂，只能由专家们来承担。互联网就是要让这一切统统见鬼去。

因此，我认为互联网无所谓好坏，它仅仅是在成长、实现自我的用途和价值。它的成长从根本上来讲，是未来无限种可能的动力、增强和重构，使得心理需求从"基本"发展到"高度个性化"。

互联网无所谓好坏，但它总有些影响。这关乎我们的就业、失业，关乎我们如何利用互联网、自动化、数据及软件创新等；关乎我们每个个体拥有的价值。

如果我们希望利用互联网进行恐怖活动或犯罪，它也是可以的。但我们同样也可以利用它来拓展我们的视野、教育、学习，并利用它惠及全人类。

互联网几乎增强了所有人类的技能。该现象在根本上、意外地创造了爆炸式变革和空前的建导。虽然我们都可以在互联网的海洋里冲浪，但有些人却迷失了方向，有些人随波逐流，有些勇敢的人与一个个变革的浪潮搏斗，还有一小部分人坐井观天，思考着未来。

谨希望本书可以带来更新的见解和视角。

第二辑
人类的延伸网
MAN'S EXTENSIONS OF MAN

装备的升级

马歇尔·麦克卢汉在其 1961 年出版的《理解媒介》中写道:"本书坚持一个观点——所有的技术都是人类生理和神经系统的延伸,其目的在于增强我们的力量和速度。"

在我运营的多家公司中,我一直鼓励员工们(从普通员工到董事会成员)多读《理解媒介》一书。在个体与现在及未来技术关系问题上,各个层次的疑难杂症都可以在该书中找到答案。阅读该书可影响个体或团队的思量,还能帮助公司制定更加具备竞争力的决策；该书还详尽地解读了媒介的发展，尤其是在互联网时代的媒介。

理解媒介不是件容易的事情，很幸运我们还有大卫·博比特，他认真地阐释了麦克卢汉的理论。麦克卢汉的理论本质上来说是这样的：车轮是我们双脚的延伸；电话是我们声音的延伸；电视是我们耳朵和眼睛的延伸；电脑是我们大脑的延伸；而电子媒介，是我们神经系统的延伸。麦克卢汉还认为，电灯本身不提供内容，但它是我们时间和空间的延伸。

1966年麦克卢汉预言了亚马逊网站的诞生，这比亚马逊网站的出现足足早了30年。他说道，"产品将持续演化成服务"，因为通过电话和多功能机，我们可以改变接触到产品的方式。该项电子服务是我们的延伸，可以满足我们的个性化需求。

我觉得我可以更大胆地说，我相信互联网是人类能力的延伸，它的重要性犹如对生拇指对我们祖先的重要程度。现在，通过各种技术，我们超过我们的祖先和其他物种。

多伦多人类学家大卫·比甘非常好奇，在进化的初期人类和大猩猩比较相似，但进化后的人类（甚至远古 30 000 年前的尼安德特人）却与大猩猩有着如此巨大的区别，但两者却具备相同的进化时间。可能是因为对生拇指和语言的区别，人类具备创造文化的天赋，这可能是线索之一。

有了互联网，我们可以把祖先远远地抛离到远古的黑暗角落。因为我们从最早只会简单地制造点石器工具修补自己的临时的居所，到现在可以在全球范围内做到想做的事情。智人（现代人的学名）已经升级成为了"全能圣人"（见图 2）。

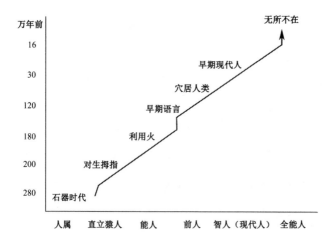

图2 人类发展进化历程

西格蒙德·弗洛伊德在其著作《文明及其缺憾》中,评价了技术对人类的改变——技术让人类变成装有"假肢"的"神"。他写道:"当把所有辅助

互联网让我们成为"全能圣人"。虽然我们不是神,但如果我们祖先见到今日的我们,一定认为碰到了"神人"。

器官都加载到人类身上，人类会变得完美。但这些器官并没有真正意义上长在人类身上，所以人类还会碰到各种麻烦。"

今天我们所做的一切在我们先辈看起来犹如"神"的行为。但弗洛伊德并没有看到互联网技术加载到了人类身上。智能手机，在今天是一只放大的手，还含有最强大脑，貌似无限的数据，可看到地球每一个角落的眼睛，还能同时看到地球的诸多角落。

驱动技术"对生拇指"发展的四要素是：数据（Data）、自动化（Automation）、新技术（New Technology）、互联网（Internet），我称之为DANTI。这四要素给予我们越来越多的发展动力，赋予我们更多的能力（见图3）。

图3 合力驱动人类延伸的四要素

现代化要素 DANTI 驱动着我们的日常行为,印证了麦克卢汉的早期硕果累累的理论之一。他指出,"我们很快就能触摸到人类延伸的最后进程——技术模拟意识。该创造性的认知进程将步调一致地延伸到整个人类社会,正如当前媒介正成为我们感性和神经的延伸"。整个人类社会将面临着"感知大爆炸",地球上每个角落都会被波及。

历史告诉我们,蒂姆·伯纳斯·李在1991年8月6日发布的第一个网页仅仅是"餐前开胃酒",接下来发生的一切才将是划时代的。

我们的已知

实际上,今天我们已知,互联网上半场的演出已经完毕。互联网一直在默默地发展着,从最早的军事、工业应用到后来的商业应用,直到现在的社交依赖、个体独立、社会相互依存。

现在,互联网已经进入了下半场(为了呼应前面的隐喻,我们称为"餐前小菜")。我们知道未来将有更大的改变,不管从质量还是规模上讲,一次巨大的飞跃正在进行中。我们已经习惯了几何级数般的增长。

今天,带领着我们发展的互联网技术让人眼花缭乱。我们现在活在了泽字节(zettabyte)时代。一泽字节即 1 000 000 000 000 000 000 000 字节,等同于 2500

亿张高清电影 DVD 的容量。在我开始本书写作的时候，互联网流量已经达到了 1 泽字节每年（2015 年），到 2019 年这个数据将翻一番。据统计，目前的电子信息容量已经达到 3 泽字节。

泽字节的爆发，视频是主要的增长媒介。我们喜欢视频，因为它具有易读性。视频可以跨语言传播信息，一个制作好的视频可以轻而易举地表达出该有的信息。这也是为什么从 2014 年 3 月到 2015 年 4 月，YouTube 的播放量以每日 40% 的速度增长；同时其全球"观看时间"每年呈 60% 的增长速度。其中手机浏览量增长最为显著。

> 互联网是我们人类所创造的最巨大的物体，永远都是。

"互联网是我们人类所创造的最巨大的物体之一"，这是不争的事实。它比任何结构、任何地域都要庞大。而且还在持续增长。到 2020 年，数据世界的字节将超过宇宙的星星。

所以，我们一致认为，互联网是巨无霸。

到此为止，都是我们的已知。

我们知道某些创业公司（如 Oculus Rift，一款为电子游戏设计的头戴式显示器，估值 20 亿美元）巨大的估值；我们知道用户基数最大的网站（如 Facebook，共有 14.9 亿用户）；我们知道专家们口中的"脱媒"（译者注：disintermediation，脱媒，一般是指在进行交易时跳过所有中间人而直接在供需双方间进行）；我们知道现在我们可以随心所欲地观看电视节目；我们知道如何使用和滥用互联网；我们知道如何得到想要的东西。

我们知道如何更好地利用互联网，因为我们就活在其中，活在当下，犹如弗洛伊德口中的"全能圣人"，我们装上了人工智能的"肢体"，活成另外一个物种。相比 15 年前，我们显然已经升级为另外一个人类模型。

互联网下半场意味着什么?

互联网下半场乐章已经开始演奏,我们已知和所为的,比我们20世纪的"祖先"(没错,就是我们的父亲、母亲那一辈)要高明太多。

互联网已经不单纯是一种物理工具,它已经成为一种心理需求,不仅仅是工业、商业、社会应用,而是私人定制的强大领域。"私人定制"是一个强大领域,因为我们对互联网的深度心理需求可以说改变了我们的物理、心理、情感行动和行为,使得我们更加强大的同时,也更加个性化了。

我们现在已经把互联网固化成个体能力的一部分，并以此判断事情的轻重缓急。我们已经变

> 互联网的影响高度进化。

成了完完全全的个体。请试想：世界上没有两个人的手机所安装的 APP 是完全一样的。技术已经深入到我们的 DNA 中，并激发着我们的个性化的日常行为。

互联网目前成为了不可或缺的基础设施，各个国家安全战略部门都不约而同地把互联网摆在了"重中之重"的位置；互联网的缺失必然导致经济倒退，甚至不亚于来一次 30 年的经济衰退、失业、毁灭性犯罪。

由于互联网给予了我们大量的机遇，故我们把它放在了首要的位置。这些机遇影响着我们所有人。是否给所有人带来实惠倒不一定，有人受惠，有人却受损。让每个人都受惠，这不是互联网的任务。你用，

或不用，它都在这里，不远不近。只是有人利用它来增强自己，有人却用来弱化自己。

对于偷窥狂而言，互联网简直是神器；对于传媒人员、博客主、主播（视频博客主）、众筹资金的企业而言，互联网是实现梦想的地方。互联网天然没有什么"观点"。根据梅尔文·克兰兹伯格技术第一定律——"技术既无好坏，亦非中立"，互联网必然存在着影响。

互联网的影响也是私自定制的，这为奢侈技术品（如智能手表、VR体验、太空旅行、博弈、精密的穿戴设备等）提供了绝佳的机会；同时也影响着人类在公共和私人领域的基本行为。实际上，我们日常生活中约定俗成的行为，"在什么山唱什么歌"等所谓的正常规则正在被基于互联网的各种技术重新打造。我们已经开始高度精细化的进化。

我们都是智能物种

睡眠、醒来、用餐、对话、娱乐、购物、约会、学习、庆典、玩耍和休闲都会由于互联网的渗透和模拟化而发生改变。实际上,目前只要你愿意,随时可以通过互联网与任何人、公司或机构建立联系。但在更多的时候,我们并没有认识到,我们自行选择开放连接,所以我们选择了自由、流动、巧妙的生活方式。

实际上,生活中一些沉闷枯燥的元素已经慢慢被改变,创新的解决方案悄然、神奇地到来。回忆一下你最近一次登机的场景,再想想 10 年前是什么样子的。

电力、汽车、飞机、电视在人类历史上曾经带来颠覆式的发展。今天的互联网有过之而无不及,它改变了人类生活的方方面面,当然也包括了电力、汽车、飞机和电视。现在我们拥有了基于网络的自动化电力供应系统(如蜂巢系统);基于网络的自动驾驶;互联网辅助飞行;脱媒电视。

互联网为日常生活模式提供新的布局,因为它给予所有人对发达技术的同等访问权限(同时访问)。因此,我们可以重新评估我们的生活,同时为我们的生活增值。

睡眠本应安静躺着,不干别的,养精蓄锐为明天做准备,然后等着被闹钟唤醒。闹钟对于很多人而言是一个时间的提示者,提示更加符合社会经济时间的睡眠周期(在闹钟发明之前,太阳承担着提示者的角色)。现在的睡眠是玩手机之余的事情。我们甚至希望睡眠期间还有信息或更新"骚扰"着我们。与其说睡眠是一个时间段的休息,还不如说是各种在线活动的暂时性休止。读书曾经是一种心灵的旅行,现在的阅读只能过分依赖数字化的辅助或被数字化内容所干扰(见图4)。

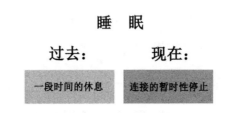

图4 互联网几乎改变了我们所有一切,包括睡眠

现在阅读和睡眠变得一样——在手机不断刷屏的时间空隙中发生的行为。很多人在睡眠过程中都舍不得断开与网络的连接,使用各种设备监听自己的睡眠模式,并据此设置闹钟;由于睡眠期间设备不需要满负载工作,有人甚至把设备的性能贡献到其他地方去。上述行为都可以理解成一种进步。

我们与食物之间的关系也在发生着改变。外卖、餐厅搜索、菜单浏览、订房、饮食管理,甚至烹饪都提高到了一个前所未有的台阶。过去用餐的规则,乏味的礼仪今天变得半乏味、半娱乐、半电子化进程。

《营养研究与实践》曾经刊登了一篇文章,研究了不同程度网瘾者的生活模式和饮食习惯。研究对象为韩国青少年,共收集了 853 名韩国初中生的数据进行分析。研究表明,确实存在部分"高风险"互联网用户。相比"中度风险""低风险"用户而言,这部分用户吃得比较少、食欲不佳、饮食不规律、爱吃零食。另外,高风险互联网用户的饮食质量也很成问题。

可以说是"上网越多,营养更少"(见图 5)。

| 更多字节 | = | 更少进食 |

图 5 高度依赖互联网的人吃得更少,常不吃饭,爱吃零食

时下热门休闲连锁餐饮店很流行一口分量的食物，如加利福尼亚比萨厨房、华利安家等餐厅都提供此类品种。当然，小分量的出品是对价格敏感的消费者的一种妥协，同时也可能是提升产品格调的办法。但让人惊讶的是，华利安家的CEO鲍勃·哈内特声称，食品向小分量转变是为了迎合年轻、深谙网络的消费者。他解释道，更小的分量对于猎食者而言，"他们很享受分享此类小分量的菜肴，一如他们在社交媒体上的分享行为"。

"处在食物链的顶端"是人类最重要的进化。400 000年前人类才学会规律地狩猎；300 000年前人类才开始使用火来加工食物，这才让人类的食物范围迅速扩大，同时也降低了健康的风险。甚至也有人认为，是熟食让智人的脑容量变大。

现在大可认为，互联网正在改写人类与食物的关系，在"字节大小信息"和"分享"礼仪的大背景下重新构建。进食作为互联网行为的直接作用，现在与技术息息相关。在人类进化发展的过程中，进食的角色将会减少几分，因为互联网的脚步正在加快。"量化自我"的增长就是最好的例证。现在我们可以通过智能手表、耐克运动腕表来记录、保存、分析食物的摄入量，还可以计算糖类、脂肪、酒精等的摄入量，并将其与我们每天的养生运动、健康管理进行对比。

出行现在成为了动动手指、高度精确的活动。延误和信息不畅的情况越来越少，渐渐被即时信息和交通方法所取代，这都归功于先进的信息管理技术。汽车生产商逐渐认识到智能导航的重要性，哪怕在低端车型上都标配了导航功能。汽车直接连接到互联网和卫星上，并可提供实时的、微观的出行指引。这些数据对于驾驶者和生产商而言都很重要。这也可以解释为什么德国汽车制造企业可以为诺基亚的数字地图服务支付高达 25 亿欧元（约 27 亿美元）的天价。汽车不再仅仅是"装有内燃发动机与四个轮子的自推进式客运车辆"。现在它是智能物体,连进了你我都在线的互联网。

出行模式的选择基于时间、距离、速度、成本和舒适等因素的考虑,这些因素现在都触手可及。我们一旦出行,在网络上实时地上传和下载位置状态自然发生。

正式和非正式对话也已经改变了。它可以包含海量的即时内容,包括物理的或数字的,或同时

> 我们可以在不"交际"的情况下交流。

两者兼有之。海量的数据可以即时、自发地反馈到讨论中。很多观点可以被改变,长期的信仰也可能被彻底颠覆,因为维基百科上的3000万篇文章可以随时访问得到。"Google一下"这句简单的话让谷歌成为了巨无霸式的搜索引擎公司,同时也让Google成为了动词,

类似于"找一下"。现在我们每个人都有机会连线网络"老鸟"，并得到他们的回复。

对话，曾经被定义成聊天、答疑、辩论或者讨论，它是人与人之间最基本的连接形式。现在对话成为了强大的技能集合。我们可以智能地、一对多地展开对话；还可以开启远程面对面的对话。后文将会陈述，我们可以通过更新社交媒体的状态和喜好，在不"交际"的情况下进行交流。最后，我们的数据捐赠也将获得各种有意义的反馈。

休闲的工作都可以交给指尖。制定一个假期的计划不仅仅是旅行代理商的专利，互联网让我们成为自己的代理商。Airbnb（译者注：中文名爱彼迎，是一家联系旅游人士和家有空房出租的房主的服务型网站，它可以为用户提供多样的住宿信息）正以秋风扫落叶的态势席卷全球，提供点对点的住宿预订服务。出行已经不再复杂，因为自助订房已经成为人类的第二天性。

Airbnb 和出租车公司 Uber 成功地"反转了网络"。以前,出租车是一张网络——例如,纽约的是黄色车、伦敦是黑色车,而乘客是个体。现在,乘客升级成为了网络,而出租车成为了等客的个体。

向"全息船面"更进一步

当Facebook于2014年7月22日出资4亿美元外加2310万Facebook股票购买了Oculus Rift(译者注:虚拟现实头戴显示器)的时候,马克·扎克伯格脑子里可能还记得麦克卢汉的"意念的技术模拟"概念。上述交易相当于20亿美元的买卖,因为Oculus Rift的持有者如果在未来实现了某"里程碑"式的技术突破,将获得3亿美元的奖励。整个交易目前看来还是很令人惊异,因为该技术在Facebook买下的时候还尚在婴儿阶段,而且和互联网没有密切的交叉。

可能有人好奇上述的"里程碑"技术到底是什么。Oculus Rift 是虚拟现实头戴显示器，它是硬件，而且还存在诸多对手，例如微软的 HoloLens、HTC 的 Vive、索尼的 Morpheus 项目，还有三星的 Gear。虚拟现实被誉为"浸泡式媒体"，本质上就是计算机仿真"真实生活"。它是真实的，正在发展改变着。

虚拟现实技术和实验远远早于互联网。虽然"虚拟现实"这一概念可以追溯到 1938 年安东尼宁·阿尔托先生的言论中，但让其概念走向商业化是来自 1985 年一名美国的博学家（一名"计算机哲学"作家、计算机科学家、电影导演、古典音乐作曲家），他的名字叫作杰伦·斯普·拉尼尔。虚拟现实是《星际迷航》的材料，它的重力中心技术在很长一段时间内掌握在极客们手里，他们一直孜孜不倦地试验、把玩虚拟现实技术的各种可能性。

在大多数情况下，虚拟现实技术和互联网没有直接的交集,但现在有这个可能了,《星际迷航》的出现让"全息船面"更进一步。"全息船面"一般是给太空飞船企业的船员使用的,让他们熟悉船面和地心引力设置,船员还可以交互、实践各种运动和技能。

屏幕的"躲猫猫"游戏

虚拟现实、增强现实、3D技术是人类的延伸,一如车轮、电话、电视和计算机一样。通过屏幕,它们将人类带进了一个拓展的世界、增强的地方,还可以是地球以外的地方。

我猜作家 C.S.路易斯一定看过了阿尔托先生的书后才描述出比现实更加美好的生活。他的小说《纳尼亚传奇:狮子女巫魔衣橱》中盛名的魔衣橱就是现实的入口,它看起来更像今天的现代化屏幕。

"屏幕"一词有两种含义,它当然是你的所见,同时它也是你的不能见。屏幕一直用来遮掩那些不便公开的行为，它应该保护个人隐私的世界。屏幕的两层含义我们都在应用着，我们通过屏幕寻找更多新机会，同时也都在它的后面保护、创造、加强我们生活中其他重要的视角，因为这些大部分都是隐私。

我们和手机、平板电脑、手提电脑等屏幕共同生活着，成为了名副其实的屏幕一代。在过去，孩子、少年、婴儿潮、雅皮士、X一代、千禧一代、嬉皮士，这些都是某种文化下的陈规旧俗。现在，我们都是"屏幕少年"。

KPCB（Kleiner Perkins Caufield & Byers）成立于1972年，是美国最大的风险基金，主要是承担各大名校的校产投资业务）的

> 我们在同一个文化模式下，我们都是"屏幕少年"。

一项研究表明，普通用户平均每天会查看手机150次。在其年度"互联网趋势"报告中，更加详尽地阐述了上述用户行为，其中，每天平均23次查看信息，22次接听和拨打电话，18次查看时间。这也说明了其他的时间都是混杂、随机、毫无目的地瞅瞅。

我们随时随地都带着屏幕，它成了我们可以随时交互的伙伴，还可以执行一些命令。我们无法放下屏幕，可以说是手不离屏幕；我们可以一边走路、一边发信息、一边使用各种应用。屏幕最清楚我们的行为、声音、触觉。

2013年3月的一项研究数据显示，有3/4的人如厕时间都在使用手机。索尼和O2公司通过对2000人的投票研究结果显示，1/4的男人宁愿选择马桶进行小解，因为这样双手可以自由地使用手机。在如厕时间，59%的人会收发信息，45%的人会收发邮件，1/3的人会接听电话，而24%的人会打电话给别人。投票结果还显示，人们之所以选择在如厕时间使用手机是因为这个时间无所事事。29%的人觉得是因为"不想傻坐在马桶上"，12%的人觉得哪怕在厕所，也怕错过邮件或信息。

手机公司正在研发一种"防水"手机套，因为研究结果显示有15%的人都有过手机掉进马桶的经历。

我们交给屏幕的命令或者收到来自屏幕的通知，都不仅仅局限在物理空间、意识和能力，它们是自动化的。自动化不是真空世界的系统，也不会独立在现实世界之外。它是我们操作的反馈，21世纪的操作运作与自动化，一如在1801年操作提花织机一样，拉动连杆、按下按钮、得到反馈。高度自动化的织机由"链卡"控制，很多凿孔卡安装在连续的阵列上，多行的洞将由一排排设计好的凿孔卡完成。

作为"屏幕少年"，在屏幕背后默默输入数据，以期获得想要的信息。数据输入让我们得到各种方案，包括错综复杂的欲望、需求、拒绝,或世俗事务方案。当我们点击手机屏幕,通过内置的APP就能实施我们想要的一切:购物、休闲、检索、游戏,只要你想要,总有一款APP适合你。

APP 人类

APP（手机应用），于 2008 年 7 月 10 日在苹果新版的 iTunes 里首次出现。最早是游戏（如超级猴子球、魔法水滴、轮流击球），同时出现的还有 eBay——手机购物的先驱公司。短短 7 年以后，现在有二百多万款 APP 可供下载。

APP 对于我们而言，犹如水对鱼一样重要。APP 的发展速度堪比航天飞机，而值得我们惊讶的不是 APP 的发展速度，而是人类基于 APP 行为的爆炸性增长，即我们如何使用 APP。

使用 APP 是我们神圣不可侵犯、高度隐私的个人世界。这个世界不轻易向朋友、亲人开放，甚至不向后代开放。故为了保证其数据的安全，涌现了各种复杂的手段和软件。这个世界甚至无法向配偶开放。

APP 是个人的财务世界。现在，使用 APP 来管理个人财务已经成为生活中最普遍的行为之一。很多证据表明，人类轻松、休闲地使用 APP 的背后，是它对人类生活巨大的影响。最早的手机银行在 20 世纪 90 年代通过手机短信实现，后来挪威银行、福库斯银行于 1999 年 9 月提供了基于 WAP 的手机银行。现在，手机银行已经成为了我们生活中最基础的服务之一。几乎所有的银行都提供其官方 APP，让客户动动手指就能轻松完成各种复杂的业务。

零售银行在短短几年内实现了跨越式的更新换代。随着技术的发展，20 世纪 60 年代中期，银行推出了 ATM 机器（自动柜员机）。自动柜员机的出现不仅仅是数字银行的破晓，还是银行业务自动化的开端，从而导致了物理上的分行、柜台的大规模减少。

在线银行 APP 的快速发展，让个人财务变得更加私人。

Atom 银行是英国新诞生的金融服务企业，它的出现与手机私人银行、虚拟增强技术的发展不谋而合。客户可以通过手机实现包括开户等银行的所有服务。这家创办于 2014 年的公司的愿景是"重构银行业的新标准"。这家公司计划在其 APP 中应用 3D 可视化技术、游戏技术，还计划应用尖端的生物安全技术。

应用增强技术的银行业务正朝着麦克卢汉的预言发展。银行业务如在线转账和收款等，很快就会像可以看到、摸到钱一样。

当然，财务往来不完全是真金白银的来往。钱所具备的三种属性，无一和"真实"相关。首先，钱是"价值"的储蓄，也就是人们可以把这些价值储存起来，以便日后使用和购物；其次，钱是"记账单位"，为商品提供计价；最后，钱是"交换的媒介"，人们可以使用它来进行交易。

我们有一套"货币系统"，而不是一个固定金额。长期来看，这套系统保证记账单位相等于某数量的黄金。在20世纪，大部分国家的货币系统或多或少地放弃了货币与黄金挂钩的策略（虽然这些国家依然保证本国的黄金储备）。

在2015年4月，花旗银行的全球首任经济师威廉·比特提出，现金应该为数字货币让路。很多"大牛"同意其观点，包括哈佛大学公共政策、经济教授肯·罗戈夫，还有比尔·盖茨。两人都认为纯数字货币更加方便、灵活、安全。

我们正期待着，在将来钱不再是物理的、有形的、"真实的"。它将成为网络的虚拟世界里一系列转账的记录。它将变成"虚拟的握手"——我们个人价值的电子延伸。

在这样的大背景下,比特币登上了舞台,现在无论如何估计比特币带来的震撼可能都过于保守。比特币的发明者(或发明者们,因为无法确认发明者)中本聪,在2008年10月31日发表了一篇题为《比特币:点对点电子现金系统》的文章。中本聪写道:"比特币纯属是点对点版本的电子货币,两点之间无须通过中间机构直接进行转账的操作。"我非常乐意引用他人的观点进一步阐释什么是比特币。马克·毕闻达的博客对比特币的运作曾经进行过详尽的解释:"和发明者的描述一样,比特币是世界上首个去中心化的电子货币,它独立于中心权力机构或信任机构之外。甚至,它的发明者对比特币都没有特殊的控制权。"毕闻达还解释道:

- 比特币就像数字黄金一样。

- 犹如地球上的黄金数量是固定的一样,比特币所设定的供应量也是固定的,这是众所周知、不可改变的。合计有 2100 万个比特币,除此以外,不准再增加供应。

- 比特币是数字化的,因此用户可以即时完成转账的操作。

- 比特币保存在你本地的电子设备里,例如手机、电脑等,而不是保存在金融机构所提供的账户里。这有点像你可以把手上的物理现金、黄金藏在你想要的地方。这就意味着没有权力机构可以冻结你的"比特币账户"(例如,你的配偶可能会处心积虑抓到一个你的账户以便离婚时候争取更大的利益)。

- 比特币的转账从技术上是不可逆的,同时也不具备还原交易的机制,只能是说服受款方转账回来。这可以有效地解决诈骗问题,因为一旦转账即已经确认,不管是否欺骗性质的;从另一方面来看,正如现金和黄金,一旦你的比特币被盗,找回的机会非常渺茫。

- 交易是直接的一方到另一方的,不经过任何中间金融机构,类似于现金的手对手交易。用户可以通过比特币网络(运行比特币软件的电脑组成的网络),从电脑上直接转账到受款方的电脑上。由于阻止一台电脑连入互联网的可能性比较小,所以规范和阻止比特币交易的可能行也很小(如某些严苛的国家可能从经济上压制激进分子)。

- 没有金融机构、银行、公司操作比特币,正如没有公司在操作"黄金"。互联网上也没有服务器可以关闭或终止比特币。它有点像你电脑上的一个软件,可以与其他安装比特币软件的用户通信。比特币网络是点对点的网络,该网络设计高效且可靠,只要互联网存在它就能运作。

比特币的开源软件在 2009 年发布。短短 6 年(至 2015 年),它改变了我们过去 600 年的应用金钱的传统(自 14 世纪佛罗伦萨银行建立后我们对应用金钱的传统就没有太大改变）。

比特币是人类"价值"真正的延伸，因为其所见即所得、无中介、现代化。

> 区块链技术升级了万维网及网络传输协议。

比特币由记录交易信息的公共区块管理，称之为区块链。在笔者撰写本书的时候，区块链的发展目前还处在摇篮时期，但我担保12个月后它将成为互联网上崭新的热点议题。今天的区块链的发明犹如蒂姆·伯纳斯·李于1989年发明的万维网一样重要。自2015年伊始，IBM和纳斯达克开始试验区块链技术在比特币之外的应用，探索该技术巨大的区块管理功能如何在物联网或其他地方的应用。

我们还在静候区块链技术海啸所带来的影响，但不可否认，它将带来颠覆性的发展——生活方式的变革。

有一款更加直接的点对点（P2P）货币兑换的产品叫 WeSwap，由贾里德·杰臣诺和西蒙·萨切尔多蒂在 2010 年创立。WeSwap.com 提供点对点的个人外汇兑换服务。该服务自动匹配本币和外币持有者的需求，旅客可以不通过银行或者柜员机完成外币兑换的业务。WeSwap 支持客户使用双币信用卡进行多达 12 种货币之间的兑换，主要服务来自全世界的游客、旅居者、商务人士。WeSwap 传递出来的信心是：可简单、安全地为所有人提供外币兑换业务。杰臣诺和萨切尔多蒂将其服务称为社交货币，且声称可以节省大量的汇率差价，"机场的外汇兑换机构收取 13%～17%的手续费，而我们只收取 1%"。

不像比特币这样的改革急先锋，WeSwap 没有抛弃传统的金融机构，但是彻底地抛弃了传统的外汇兑换体系。WeSwap 只是点对点金融服务的个案，这类产品正如雨后春笋一样成长起来，它们将显著地改变我们的行为和态度。

加拿大一家银行技术服务平台Koho的创始人丹尼尔·埃伯哈德对此做过精辟的总结:"无数客户对产品的期望值越来越高,而银行的创新程度远远跟不上用户的需求。创新的技术公司从银行生态中分走的每一杯羹都是因为它们比银行更好地满足了用户的期望值。"

我们数钱、花钱、转钱的方式相比过去已经改变太多。现在,我们是离开有形资产都能活得很好的生物。

新想法、新业务、新政策、新关系、新销售、新采购、新娱乐和新交通,这些全球性的变化无一不升级了人类的技能。这些技能的升级来自两种驱动力。

技能转移及技能扩展

技能转移,指我们与传统的商业与政治的交互发生了改变(见图6)。

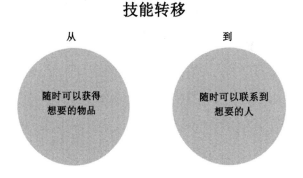

图6 技能转移影响和加强我们的态度、语言、行为及期望值

技能扩展，指我们与供应商之间打交道变得更加专业化。技能延伸让个体可以在商业，甚至学术、政策领域应用很多的技巧。

技能转移

技能转移影响和增强人们的态度、语言、行为和期望值；它发生在逆向网络系统的访问中。一般而言，生意就是操作购买和销售产品及服务的商业网络。现在，我们自己成为了网络，成为了敏捷数据网络，而生意人或企业必须为用户定位自己所供应的产品和服务。

生意人必须竭尽全力向消费者靠拢。成功的商人通过跟踪及响应人们的个性化数据而获得接近消费者的机会。聪明的商人才会明白客户与他们之间没有什么区别,他们会非常积极、及时地响应用户的反馈,同时用心去感受用户,采纳用户的众包想法。

现在我们不能仅仅关注生意的表面价值,应该把它视为永久的价值。我们应该与客户加强联系,通过不断地贡献数据,从而推销我们自己。

现在,我们使用"个人数据"、"简介"这样的词汇来代替"隐私信息";使用"点击接受"代替"是"。我们与供应商之间"打交道"的次数和"购物"的次数相当。虽然我们之间大部分人不懂得用什么"KPIs"来考察供应商,但我们懂得如何对服务和质量提出更高的要求。我们会使用点对点的评价来校准我的评价。

语言和行为的改变却有点讽刺。越来越多的商人学会了更加接地气、更加"人文地"与个体客户打交道。而个体客户却学会了生意人那套商业沟通方式。这就慢慢形成了 H2H(Human to Human)的模式,即人对人的模式,而不是传统的 B2C(Business to

Consumers）或 B2B（Business to Business）模式。但我更愿意相信，在"逆向网络"体系下，这种技能转移可以走得更远。现在，我们可以看到 C2B（Cosumers to Business）模式的兴起，消费者的话语权越来越大。

我们输入了自己的数据，并不是为了一定得到"人文"的反馈，而是为了效率和质量。我们变得高度商业化，市场人员

> 我"看见"、我想要、我得到，物流速度就是 KPIs。

必须改变思路，学会采取 C2B 的方式和我们沟通，而不是采用高高在上的 B2C 模式。沟通的目的在于逻辑、信息、确认、经验和知识。

我们懂得使用生意人的策略（即使是非常初级的技巧）来购物，以便获得更大的优惠；我们懂得货比三家；我们遭遇不公时懂得如何去投诉。我们慢慢地

习惯了"我看见,我现在就要它",所以如果物流时间过长,那么订单可能会被取消。

我们对质量和物流的要求越来越高。我们还希望商人和政客在修改任何条款的时候能清晰地说明为什么(见图7)。

图7 商业正在朝着"C2B(消费者对企业)的沟通模式"发展

技能转移让一切更加不可预知

今天,工作、生活、生意、顾客、政客、选民之间的守旧壁垒越来越少。在2014年苏格兰独立公投的案例中,"大街上的普通人"的观点和政客记者的"知情观点"倾囊尽出。今天,"情绪"与"观点"的重要性不亚于传统社会经济分类法的"工人阶级"、"民主主义者"和"欧洲怀疑论者"。这种情绪和观点正慢慢地转化成为政治力量,例如,网站38degree.org就是收集类似民意和观点的机构。这种民主技能的转移潜力巨大。

2015年英国大选的结果显示,民意测验与投票结果不相关。人们学会了在屏幕上秘密地勾下心仪的人选。现在人们可以轻而易举地切换人格特征——从Facebook切换到LinkedIn即可。这也就是为什么只有唱票后才知道谁是赢家。愚蠢的民意测验再也无法准确地预知结果。政治策略不再是人们选择的框架。我们成为了框架,政客们必须挨个赢得我们的选择。民意测验也必须认识到个体力量的增长以及它所带来的不可预知性。选民之间所形成的逆向网络,成为政客们追逐的目标。

技能扩展

现在,我们的生活在工作中的延伸程度前所未有,甚至还是实时的。我们在查工作邮件的同时查看私人邮件;开会期间可以不断地和家人、情人之间紧密联系。这样的场景数不胜数,但是彻底地模糊了"工作"与"生活"的边界是个人耳机的出现。随着开放式办公室的兴起,个人耳机的需求也随之增长,戴上就意味着"请勿打扰",轻松地贴上了"个人空间"的标签。关于这个问题,博客上有很多讨论,并总结出工作时间配戴个人耳机所带来的五种好处。

（1）表明你已经在忙碌。当你配戴上耳机，就可以向其他人传递出正在忙碌或不希望被打扰的信号，其他人就轻易不会过来打扰你。

（2）耳机帮助你打造个人的工作空间。如果你处在嘈杂的工作环境中，耳机就是进入"工作区"的工具，打开音乐，远离噪声。

（3）耳机能够激发工作热情，音乐是最有效的兴奋剂。远离了嘈杂后，音乐成为了能量加油站。打开和你最亲密的音乐吧，哪首是你的动力之歌呢？

（4）配戴耳机让你更加专心。如果你在攻关的路上苦苦沉思，最不想碰到的事情应该是被走廊传来的各种八卦新闻、赛事比分所干扰。音乐阻止这一切干扰，可以让你保持专注。

（5）耳机让你保持好状态。不管你需要冲刺还是短暂的休息，音乐都能帮到你。几分钟的音乐时间能起到意想不到的效果。

配戴耳机这么一个简单的行为实际上是我们个性化的符号。我们可以活在自己的世界里,也可以通过技术进入别人的世界。

> 人类的升级让我们有机会进入别人的世界,只要触动精神的开关。

政客们需要明白,技能扩展会让政治教条和演讲付出代价的。因为我们现在可以知晓政客们所有的所作所为,谎言必然会被拆穿。我们可以在 YouTube 上观看正反方的观点,看到政客们的承诺与不忠。我们简直可以把自己置身政客的世界。

我们现在进入了麦克卢汉笔下的最高级别的延伸——意识的技术模拟。我们可以延伸到整个人类社会。

随着互联网成为我们所做、所思、所言的核心,我们可以延伸得更广,我们的能力正得到前所未有的延伸——智人正重构成为人。我们正将自己向更广阔的形式、功能的现代世界延伸。

第三辑
出行升级:拓宽视界
TRAVEL BROADENS THE BODY

全能圣人可随时抵达任意地方

我们正使用前所未有的方式出行。在过去，出行意味着两个地点之间的旅程。现在，出行是在不同时区之间多次、多目的地的体验之旅。由于旅程中令人兴奋的中间点（例如，我们可能在度假中偶遇一位艺术家），现在的旅行可能是多分叉、多变量的体验。

旅行可以让我们体验更多。

我们无须走出家门，便可以让自己置身世界任意地方，并与当地人交流。我们不需要任何额外的花费，就可以听到当地的语言，收到来自当地的美食，实时看到当地的景致，或从历史角度品味某个地方，可以通过文字、音频、视频与地球上每一个角落的人交互。我们可以查看目的地历史，还可以探究见到的人的直系亲属，甚至还能了解当地法规、新闻故事等。

很明显，我们可以查看目的地的天气，还可以精确到抵达的时刻；如果

> 世界在我们囊中，指尖能带我们出行。

对天气有任何疑问的话，还可以通过直播监控直接观察到即时天气；甚至还能看到大街上人们的衣着、是否打伞。相对没那么明显地，我们还可以深挖一个国家文化层面的东西。我们能做到祖先们不可想象的事情；他们仅能观察到一些表象，而我们可以轻松、随心所欲地浸淫在任何地方的文化中。

键盘不仅仅是输入的工具，它还是我们的地图，而手指是我们的鼠标，手指和键盘一道，满足我们对信息的渴求。我们只要输入数据，信息就源源不断地赶来，不分昼夜。这个"旅行社"不收取中介费且提供绝佳的服务。

我们的"义肢"——手机

我们可以使用全新的交通方式真实地抵达某地,当然可以计算好抵达时间,并事先了解当地的资源和名胜古迹。

智能手机已经成为我们日常生活不可缺少的物品,没错,就像我们身体不可或缺的一部分。虽说不可缺少,但它依然是新鲜品,甚至有时还是危险品。试过全神贯注看手机撞上人或物吗?试过偷偷摸摸地在驾车时接听电话吗?哪怕我们知道这是危险的,甚至是违法的。

国家安全委员会新近一份研究表明，26%的交通事故是由于驾驶员使用手机造成的，但也意外地发现，只有5%是由于发文字信息造成的。

俄亥俄州立大学就此现象展开过研究。统计结果表明，在全国范围内，2010年超过1500人由于走路使用手机造成意外送医。对比2005年，虽然行人出意外总人数有所下降，但因为使用手机造成意外的人数几乎是2005年的一倍多。研究人员认为，实际上受伤行人的数量应该远远高于1500人。

在中国重庆，市政府建造了一条100步的"手机走道"，专为边走路边用手机的人设计。报道称："这是中国首条手机道路。"无独有偶，2014年4月，华盛顿也声称建立了一条手机使用者专道（实际上是愚人节的玩笑）。其实上，这些行为都是为了提醒公众走路使用手机的危险。

上述材料证明，我们的走路方式发生了新的变化。由于移动互联网技术的发展，我们相互沟通的方式有所改变，市政工程也得重新考虑公共卫生和安全的设计。在某些方面，苹果公司预见了上述问题，随着智能手表的推出，移动设备变得更加像人类的义肢，甚至是皮肤。

自 1910 年凯迪拉克打造了首辆有车厢包围的汽车后（之前的汽车都没有包厢），技术包围皮肤成了令人兴奋的增强产品。今天，我们可以通过板载的 WiFi，在出行中与导航卫星连线，还可以通过显示屏收看实时电视、新闻、天气。我们还可以选择雷达辅助刹车系统、交通信号灯识别系统、轨道偏移提醒系统来保证行车的安全。现在的红外系统还能在夜间检测到行人，该系统用黑白的方式显示前方路况，用红色标记出潜在的危险，甚至可以自动闪起前灯提醒前方行人注意安全。

当你在 2015 年坐进你的新汽车，你车上的计算机系统的运算能力比"阿波罗号"登月飞船的运算能力还要强大。技术和兆字节时代正跑步到来。

从骑马、驾车升级到智能物种

2015年1月,英国政府允许在安装了重力感应、卫星导航、互联网设备的道路上启动汽车自动驾驶模式,这预示着新的交通运输时代的到来。到2030年,自动驾驶技术有望高度成熟,所有司机都有望变成乘客,无需手动驾驶。驾车过程可以工作、聊天、娱乐,因为我们是被驾驶的。

汽车变成了高科技、高度自动计算机化的车轮,它的构造技术已经超出普通驾驶员的知识范畴。慢慢地,自己修车变得不太可能,倒不是因为汽车中增加了多少特殊的部件，而是它的精密程度太高，必须依赖特殊工具才能操作。甚至最简单的事，如更换车头灯或机油，都会变得异常复杂。在1985年，更换奔驰190的机油滤清器需要花费27.03美元，在2012年更换奔驰C180的机构滤清器需要70美元，且需要一名熟练技工两个小时的工时，还必须配有专用的工具才能完成。在1994年，更换奥迪A4的车头灯需要花费6.12美元，大概需要花费10分钟即可换掉灯泡。今天，要做到同样的事情，必须先采购价值21.56美元（零售建议价）的灯组，再需要一名熟练技工45分钟的工时。

司机根本无法自助服务的汽车是特斯拉，因为它不是传统意义上的"汽车"。特斯拉是一家可持续能源开发公司，致力于各种事业，包括让人叹为观止的交通技术。特斯拉在其S型电动轿车上，配有一套名叫Autopilot的自动驾驶系统。更新到7.0版本以上的轿车可以在街道上自动行走、切线、控制车速。

特斯拉做出了非常疯狂的行为,把它所有的专利免费授权给所有人使用。特斯拉声明道:"昨天,还有一堵墙,把所有的专利牢牢地锁在特斯拉帕洛阿尔托总部的大堂里,今天,这堵墙将不复存在;一切都为了开源精神、为了自动汽车技术更美好的未来。特斯拉汽车公司是一家为可持续交通技术而奋斗的企业。如果我们扫清了电动车技术道路上的障碍后,为了一家之利,在身后埋下地雷阻止其他人进入该领域,这将与公司的宗旨背道而驰。特斯拉今天开始将免费开放所有的专利技术,供有志于该领域的人使用。"

"我们投身到该技术是因为其巨大的红利,我们从不期望仅仅在我们的产品上应用这些技术;正如我们不期望一台家用电脑可以创造出一个复杂的平台一样,或者,我们不期望一个人的大脑和身体能完成复杂的任务一样。我们不打算控制这些技术,我们决定让所有人都可以应用这些技术。"

和我一起飞？我们还能做得更好

在凯迪拉克推出全封闭车厢汽车的 4 年后，也就是 1914 年 1 月 1 日，圣彼得堡—坦帕空船航线成为世界上首条固定航班服务。从此，我们"全能圣人"可以走进飞机、坐下、"长出翅膀"、飞上云霄。

现在飞行已经是稀松平常的事情了。虽然我们经常听到航班机长的广播问候，但我们很少能见到机长。和汽车的自动驾驶一样，现在的技术可能马上可以实现自动飞行了。

自动飞行的商业航班（Unmanned Aerial Vehicles）已经投入测试阶段，而英国公司通过国际海事通信卫星尝试为航班乘客提供无限宽带服务。可以想象，既然飞机上提供宽带服务的技术已经可以投入试验阶段，我们以后将有望成为高科技飞机的技术人员，通过上传和下载信息获得更好的飞行体验。这并不意味着不需要飞行员，只是飞行员的角色会发生变化。以后将是技术驱动飞行，而不是飞行员驱动飞行。

带着互联网旅行让你可以走得更远，同时让你的个人网络连接从不中断。我们可以像专家一样出行。有家旅游公司叫"负责任的旅行"（responsible travel），他们的宣传口号是："像当地人一样地出行。"就算到了无游客的地方，我们也可以通过其他数据获取到当地人居住和用餐的知识。我们还可以通过基于互联网的翻译工具与当地人进行沟通。

> 今天旅行的升级不是舱位，而是多时间、空间维度的。

目前，出行呈爆炸性增长。莱文学院的统计显示，1980年共有 2.27 亿人次通过飞机做跨国旅行；2012 年，该人数达到 1 035 000 000。根据网站 coolgeography.co.uk 的统计图表显示，到 2020 年，跨国旅行人次将达到 16 亿（见图 8）。

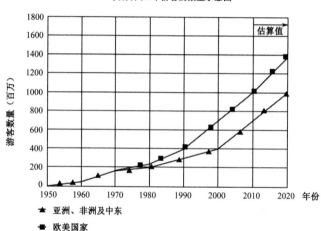

图 8 更多旅客选择飞机出游，从 2012 年的约 1.035 亿美元到 2020 年的 16 亿美元

影响上述数字高速增长的原因有很多，互联网尤其功不可没。我们通过屏幕了解到外面世界，从而激

发了外出旅游的欲望。实际上,我们现在融合了网络和真实世界,看看这个世界的机会是无限的。任何地方(安全的地方)我们都可能抵达,我们根据需要所做的行程计划让旅行成为独特的个人体验。网络空间对我们而言是个特殊的地方,真实的世界也是特殊的,但我们感觉在网络世界畅游更加自由。

星际互联网

"互联网之父"温特·瑟夫在 2013 年底的一个演讲上描述了未来互联网的发展及对出行的影响。他从 2000 年就开始关注该领域。

温特把互联网移到了外太空,我简直惊呆了。根据《连线》杂志的报道:"这不是开玩笑,未来 10 年,发射台会忙于发射私人和公共的火箭,它们的目的地在火星和其他星体上,例如月亮、小行星、外层太空。瑟夫加入了美国国家航空航天局喷气推进实验室的一个工程师小组,旨在建立起服务外太空设备的无线网络，最后可以在星际之间通信。例如，太空巡游者与星体、呼啸而过的火箭之间可通过某标准进行数据交换。该项目命名为星际互联网（Interplanetary Internet），希望太空探测器、卫星等承担网关服务，为星际之间的设备传输数据。"

星际互联网（IPN）是指日可待的事情，与外太空的通信不再是科幻小说里的情节。当图像、声音如光速般传输，这种未来便可预测到。全息甲板看起来又更进了一步。

太空不是最后的疆域,我们才是

网络世界、真实世界、太空世界、个人内心世界都遵循相同的法则。我们接受数字捐献,以期可以走得更远。我们可以期待,不管身处何方,都可以轻易"连线"。这样,我们就可以继续使用"点击购买"、"赞"、"转发"等基本原则,让旅途满载欢乐。

我们应该清晰地知道,这些都是我们父辈不敢想象的事情。我父亲出生于 20 世纪 20 年代早期,他将去法国说成"去大陆那边",释放出那代人对地域、概念、术语特有的理解。当我们打开电脑,我们就"上网";当我们搜索某东西,我们叫"检索";还有"查阅"、"冲浪"等词汇都说明了我们正走向无边的空间,深不可测、远无边界。

没错,我们轻松地就能实现上述事情。我们还可以感觉到这种想哪儿去哪儿的旅行高度自由(除非涉及儿童安全、法律和社会规范)。该空间如此不可或缺,故政府竭力保护它不受侵犯,因为不能在网络空间自由遨游意味着我们失去力量,变得更加本土化和个体化。

真实的旅行现在可以通过新颖的连接,与我们的心智能力匹配,产生更多的创意、想法。专家们预见了通过高度互联性,真实和虚拟的旅行之间的巨大跳跃,都可以被简单明了地接受。

麻省理工学院计算机科学与人工智能实验室高级科研人员大卫·克拉克指出:"设备将越来越具备独立的通信模式,它们有自己的'社交网络',懂得如何分享和聚合信息，懂得自我控制的行动。以后，这个世界上的人们将越来越依赖一系列相互协同的设备所做的决策。互联网（特指以计算机为媒介的通信）变得无处不在，但又不那么容易摸得着，在某种程度上，它将与我们融合。"

美国北卡罗来纳州立大学信息科学学院主任乔·塔兹预测："互联网的角色将发生根本性变化，以前我们用它来检索猫的视频，以后它可以和我们的日常生活无缝结合。我们不再是'上网'、'搜索点资料'，我们一直在线上，随意检索。"

美国国家技术研究所做通才教育的布莱恩·亚历山大写道："未来的世界整合程度更高。我们将遇见更多全球性的朋友、敌人、浪漫、工作团队、学习小组、协作等。"布莱恩的眼光在 Facebook 到来的时候得到了体现。

北卡罗来纳州立大学的教授、网站 ibiblio.org 的创始人保罗·琼斯相信:"电视让我们看得见地球村,互联网让我们成为了真正的村民。"

虚拟增强和虚拟现实专家 Inition 曾经描述了该技术的潜力,像 Oculus Rift 这样的头戴显示器 AR 设备一样,奇妙的世界可以直接输送到我们眼前,或者说"电子化地传送"到我们眼前。在他们位于伦敦东部的肖尔迪奇区的实验室内,时尚商品零售商可以通过 AR 技术 360 度无死角地观看模特的"猫步"、T 台演出;还可以模拟从一万五千英尺的高空跳下的情景,非常真实。

万豪酒店为实在不愿意走出家门的旅客提供类似的惊鸿一瞥式的未来旅行体验。酒店的连锁门店使用 Oculus Rift 眼镜和类似电话亭的小房间提供 4D 体验。在实践中,戴上 Oculus Rift 眼镜后,你犹如置身于夏威夷的沙滩上或者伦敦的大街上。同时,小房间里面根据你所遇见的场景模拟出雾、气味、高温的体验来。例如,当你看见夏威夷的海滩,你同时能感受到凉爽潮湿的微风。

"把我传上飞船"

万豪酒店将此产品命名为"瞬移器",与电影《星际迷航》和科幻小说不谋而合。瞬移器是万豪酒店"智慧旅行"活动的一部分。该活动在2013年启动,致力于为消费者提供"智慧旅行"的服务。为了这个目标,万豪酒店联合了麻省理工学院移动实验室及其他合作伙伴。这是一次生意、科学与技术的碰撞,在未来的日子我们将看到更多类似的尝试。瞬间移动的体验非常真实。来自德国波茨坦的索·普拉特纳研究所的科学家们已经发明了一种可以实时扫描物体并"传输到"其他地方的瞬时移动系统。《星际迷航》里面的飞船是另外一种物体即时移动的技术。

去物质化和重构不再是科幻小说里面的模型,上述系统可以通过3D扫描、打印技术实现物体的"瞬间移动"。在系统另外远程端的物体被按层记录,扫描的数据加密传输到3D打印机上。这样,打印机就可以按层把这个物体复制出来,即实现了瞬时移动系统的物体转移。

Facebook投入20亿美元收购Oculus Rift是对后移动时代的远见卓识。Facebook的创始人马克·扎克伯格说:"仿真现实和虚拟现实将成为人们生活中的一部分,历史证据表明,类似的平台将雨后春笋般涌出,谁先掌握该技术将有望定义和重构未来,收获巨大的利益。"后移动时代的仿真连接现在已经来到。我们可以实时地犹如"本地人"一样出行、用餐、生活、交谈。

光阴似箭,日月如梭

我们对时间的概念描述起来有点困难,它不是气味、景色、触觉,我们不太容易"感受"它和理解它。我们关于时间的认知正在发生改变。下面的公式可以简单地表达速度(见图9)。

图9 虽然互联网赋予了我们更快的速度,
但我们投入旅行的时间不变

古希腊和罗马人用四季交替来描述时间的变化。中世纪的日晷仪根据太阳的位置表示一天的时间,精确到小时。日晷仪上比较常见一段拉丁文谚语"*omnes vulnerant, ultima necat*",它的意思是"时间伤害生命,直到生命终结"。日晷上还有另外一句格言"*tempus fugit*",意思是"光阴似箭"。光阴肯定似箭,尤其是我们在上网娱乐的时候。

互联网让我们可以走得更远、发现更多。但是,我们做长距离旅行的时间是个常量,因此,我们可以认为,我们变得更快了。

互联网提高了我们的出行速度,胜于任何发动机技术。我们可以到访的距离更远了,包括外太空。但是我们"出行"的方式和访问隔壁家邻

> 内心世界、太空世界、虚拟世界、真实世界,边界不再。

居没有什么不同。我们犹如一颗朝多个方向、高速旋转的超新星。正因为这样的速度,我们需要不断地检查导航系统,所以我们一天需要看 150 次手机。我们每天花 6 个小时在网上,尽最快的速度检索、传输各种数据。

我们对于"能去到哪里"这个问题非常狂热,我们需要地图。这地图可以把我们送到目的地(谷歌)、消费(银行、苹果支付)、描述地方(维基百科)、点评(Trip Advisor)。这些都是互联网技术的"第一乐章"。它们是辅助我们在网络空间遨游的中间技术。它们是非常棒、非常有用的发明,但未达到我们要求的速度,我们需要更多。

我们需要一张可靠的地图,一张不仅仅是我们可以信赖,而且应该是所有人都可以信赖的地图。相信我们都有同样的感受,当在一个新网站购物、在不知名的地方订房、在外国乘坐小型飞机的时候,多少有点感觉不安。它的退款可靠吗？我订的房真的可以入住吗？确定没有超售吗？

第一批潜力无限的新地图是在2008年年底默默来到我们身边的。

区块链技术的应用

我们在第一章提到的区块链,是互联网的新协议;它就像 1991 年出现的 HTML 语言影响那么大。它首次被投入到加密电子货币比特币的记录、交易功能上,后来扩散到其他领域。

简单而言,区块链是这样工作的:所有的订阅者都在电脑上安全了同样的软件,故所有人都可以看到交易信息的更新。当发生了一条新的交易,全世界的信息都同步更新。同样的交易不能发生两次,因为整个生态系统都会拒绝克隆交易;所以它不需要一个所谓的"总账"。打个比方，如果有个附件文件通过邮件系统发送了，比如从 A 到 B，全网的人都知道这个邮件已经发送了，而 A 不能再次发送这份附件文件了。为什么？因为全网的人都知道这个附件文件现在在 B 的手上。

看起来非常简单、普遍、透明，这让区块链技术变得让人信服。在区块链技术出现之前，我们必须依赖一个第三方机构，比如我汇了钱后就需要问银行是否已经到账。

区块链技术目前没有应用到比特币之外的地方，但它必然会。它将让未知的地方不再陌生、旅程不再艰苦、全球性交易更加安全。

安全出行

在网上"去哪儿"是很安全的,我们不需要网上急救的建议和警告。实际上,我们还不需要护照、签证或注射疫苗。互联网是无边界的社区,我们可以建立起自己的病毒扫描系统。

然而,威胁还是存在的。

在英国,2014 年在线银行诈骗案件同比上升了 71%。垃圾邮件、网络钓鱼等大量存在,上网有风险。垃圾邮件指未经同意擅自发送的邮件,通常是广告邮件,同时向多个收件人、群组发送。网络钓鱼指通过邮件向用户伪装自己的合法身份,盗取用户的机要信息以便进行下一步的偷窃行为。鱼叉式网络钓鱼是攻击者针对大型公司网络犯罪的工具,它在大型网络中找到一个落脚点(公司日常运作的电脑上的某软件)。攻击者通过特殊的邮件或信息,诱导用户做出特定的行为,并借此盗窃重要的或私密的信息。英国的 TalkTalk 公司在 2015 年曾经遭受了这样的攻击。全球安全软件公司赛门铁壳估计,日常垃圾邮件多达 290 亿封。赛门铁克还统计了日常拦截的网络攻击数量,每天高达 568 700 宗。实际上,网络安全公司 Mandiant Fire/Eye 相信,95%的网络都遭受着各种攻击,并不得不做出某些妥协。

大部分情况下,我们对此了解不多。实际上,69%的网络诈骗受害者的知识来源于第三方,例如银行或在线商城——它们已经妥协过了。

尽管无法彻底降低网络攻击带来的危险和痛苦,

但这已经不像过去那样面对的是车匪路霸或度假村的抢劫犯。事实上,虽然攻击者很精明且装备良好,但防御系统没有理由达不到相同的档次。虽然黑客取代了车匪路霸,但是我们的冲浪的经济风险已经大大降低,且变得更加舒适。

我们的出行的高度、广度、深度都得到了升级。人类学家记录了我们祖先波澜壮阔的迁徙。历史记载了古代帝国的扩展、冒险家的壮举,如马可·波罗、瓦斯科·达·伽马、克里斯托夫·哥伦布、尼尔·阿姆斯特朗等。现在互联网记载了我们每天、每小时、每分钟、每秒钟的伟大旅程。

我们的旅程直达人们的生活中,我们跨过大洋、宇宙的足迹都一一被记录、跟踪和储存下来。我们在虚拟的世界留下了无处不在的足迹,显示我们到过的地方、见过的人。

类似英国《侦查权法案》的法律条款允许将我们

在互联网的足迹公之于众。该法律要求电话和网络公司保留用户12个月的网络访问日志,警察、安全部门和其他公共机构可以访问这些日志数据。此举高度保证了用户的网络安全。反对者认为此举是给"窥探者宪章"正名,他们无视了该机制的预防作用。

自从我成为了英国航空公司(British Airway)的在线会员后,它能记录我去过的国家、飞行的旅程、精确出行的时间等。每次我想回忆过去某个旅程的细节,它都能准确地帮助到我。这些数据不随岁月褪色、不被遗忘、不会突变。我可以联系当地人获得更好的建议,还可以立即去到曾经到过的地方。

这些数据的意义不在于其永久存在,而是它重新定义了我们的出行,我们的出行将不会再溶解、变幻无常。没有永久的旅程,但它可以被储存、记录。

说来也怪,虽然出行现在变得更快、更轻松和无处不在,但它还是静止的。当我们外出归来,我们还在原地。我不是要让你非常哲学地思考这个问题,只是把它提出来,引起注意。我们今天已经延伸到可以随意将自己"安放"在某地,就算我们离开或不复存在,我们还在那里。当我们再次"安放"在那里,我们可以自动继续之前的谈话、探索。

我们宅在某地,却到处旅行。你可以向我们的祖先解释这一现象吗?

第四辑
消费升级：专业化的人类
WE, THE (PROFESSIONAL) PEOPLE

每个人都听说过亚马逊网站（Amazon.com），但不是每个人都听说过小猪店（Piggly Wiggly）或莫里森（Marrisons）、家乐福（Carrefour）、艾德卡（Edeka）——没错，它们都是连锁零售商。

小猪店是全世界最早一家自助购物的零售店，首家店于1916年9月6日创办于田纳西州孟菲斯杰佛逊街79号。自助购物超市最后风靡全球，改变了食品的供应、储存、展示等方式。在英国，1955年至1960年，由于自助商店的增加，冷冻食品的供应量增长了四倍。第二年，英国一家从事营销调查的公司采访了2000名家庭主妇（在家门口的采访），询问关于她们购物习惯的因素。1961年，40%的人每周只采购一次（在1957年这个数字是35%）；周五是主要的采购日；在1957年，52%的人选择同一家商店采购，但1961年这个数字只有27%；年轻人引领了购物的潮流。

便利成了所有购物的代名词，而便利也成了在线商城如亚马逊的名片。亚马逊是全球最大的在线零售商，2014年拥有2.44亿活跃用户（让人惊叹的是，这个数字比2013年增长了14%），产生744亿美元的收入。中国电子商务公司阿里巴巴拥有更多的用户（3.02亿），由于经营模式的不同，收入却低很多（84亿美元）。

大型超市拥有大量用户，本来很正常（沃尔玛在全球范围内，每周服务2.45亿名用户）。但是这有着本质的区别，亚马逊是一家店，沃尔玛有1.1万家店。亚马逊和阿里巴巴的影响不仅仅在业绩的增长、用户数量或市场渗透率，重要的是它们改变了我们购物的方式。这不是电子商务特征的改变，而是购买习惯特征的本质改变。实际上,在网购很火的地方,其占有的市场份额也很少能达到两位数。你可能会想到,现在关于网购的讨论到处都是,好像我们所有的购买行为都搬到了网上,然而并没有。我们仅仅在做一些"重构"习惯形成的行为。

在2013年4月,多维研究针对1046名活跃网购用户的研究发现,超过90%的用户认为网上的好评会影响到购买决策,86%的用户也认为负面评价会影响到购买决策。该研究表明,用户服务的优劣影响收入,而服务排名成为影响购买的首要因素。获得良好的服务后,62%的B2B用户、42%的B2C用户会重复购买。而遭遇了劣质服务后,66%的B2B用户、52%的B2C用户会停止继续购买,同时95%的用户会给予负面评价,而只有87%的用户会分享正面体验(见图10)。

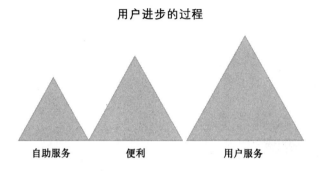

图 10　用户体验是没有影响信任的首要因素

互联网对于我们产品选择、购买方式、品牌忠诚度的影响激发了两种新的行为：用户成为了索取者，用户成为了产消者。

下文将详述。

索取者

消费者现在学会了使用在线的各种快速、便利的工具索取想要的产品。这些工具都是敏捷型的,它们可以响应偶发或紧急的请求;它们还可以知道我们重要的策略和常规需求。这些工具还可以让我们获取到网友评价、专家评论、价格对比、经济风险评估,同时还可以找到不同供应链的速度、效率、质量和价格。这是电子商务的一小步,却是人类前进的一大步,因为这是我们首次对购买的所有因素的"概念"的重新定义。这东西值不值得?还可以更加便宜点吗?我们可以这样提问,关键是,还能得到答案。比如,产品的质量、度假的体验,这些都可以通过不同的评价获得参考。

索取，是互联网增强了我们的购买行为。索取等于可以保证和赢得利益关系，让我们得到想要的产品，因为具备这样的工具帮助我们（见图11）。

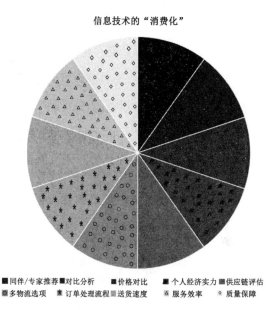

图11 消费者成为了索取者，对服务和产品提出了更高的要求

今天的索取者是精明的，很清晰价格和想要的产品。实际上50%的消费者表示，他们是知道产品价格

变化后才购买的。消费者希望自己购买的东西物有所值，Nielsen 公司发布的图标显示了这一点（见图 12）。一句话，消费者和零售商、服务供应商之间的关系发生了改变。他们受到了一些震动，而聪明的供应商开始尝试去细致地了解每一个客户。首先，组织或机构应该明白目前消费者的专业知识和期望值的快速增长，重新组织和管理它，最好可以走在它的前面。这是比较困难的，因为与索取者打交道难度远远大于与顺从的客户打交道。

欧洲消费者价格敏感

6%	对价格和价格改变无感
38%	对价格不了解，但对价格改变敏感
40%	了解大部分价格，了解价格改变
16%	了解常规采购产品的价格

图 12 大部分消费者明确知道产品和服务的价钱以及价格改变

最后，消费者希望的最重要的改变是：所有生意都像科技品牌一样运作。

极客投身董事会

有些机构现在任命了首席数字官（Chief Digital Officer），其增长速度惊人（见图 13）。同样惊人的是很多公司的 CEO 都是技术出身，正如《Inc.》杂志发布的数字。

Instagram 的 CEO 凯文·希斯特罗姆是自学成才的程序员；Facebook 的 CEO 马克·扎克伯格在上高中前就开始编写程序代码，现在还在写；Dropbox 的 CEO 德鲁·休斯顿在波士顿的火车站写下了公司的第一行代码。WordPress 的联合创始人（同时也是 WordPress 的母公司 Automattic 的联合创始人）马特·穆伦维格凭借自己的技术，创立了世界上最大的民主分享平台。微软的比尔·盖茨、亚马逊的杰夫·贝佐斯、谷歌的拉里·佩奇……这个列表可以很长很长，他们对自己公司产品所涉及的技术有着深刻的了解。

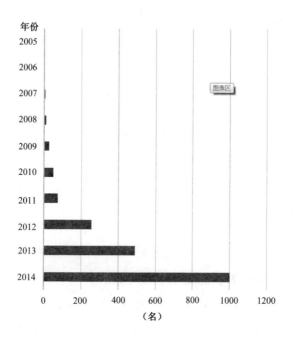

图 13　新的工作岗位如首席数字官正在迅速增长

根据普华永道对美国 CEO 的调查："商业领袖们认识到世界的大趋势，商业模式的改变 86%是由新兴技术引导的。"

公司的核心技术人员现在逐渐走到公司的高层，由他们对索取者的需求提供解决方案，提供各种基于互联网的工具来辅助消费者完成购买。塔塔咨询服务公司（TATA Consultance Services）提供了更加详尽的数据，全世界超过 800 家大公司对数字化举措给予了高度重视，制定战略、投资和计划。

"全世界 4 个地区 13 家全球化公司将数字化举措放在核心的位置，这是未来 10 年生意成功的关键。因此，他们做了相应的投资。70%的公司表示，数字化举措是生意成功的关键或'重中之重'。

"总体而言，这些公司本年度平均投入 1.13 亿美元在数字化举措上，建立起与客户连接的渠道，以便日后的产品销售。这些公司计划在 2017 年保持这样的投入（平均 1.11 亿美元）。其中，部分公司（4%）每年至少投入 10 亿美元维持数字化运营，2017 年也将投入这个数字。大量的公司（95%）可以预见数字技术对于维护客户关系的重要性，他们投入大量经费打造 APP、追踪社交媒体评论、提供数字化下载服务等。"

B2C 和 B2B 公司也是如此。

"2014 年，三种公司成为数字化举措的主要投入者，分别是媒体、电信、传统技术公司，它们重构了自己的商业模式，为用户提供更多的数字化产品。超过 1/3 的传统行业公司，包括零售、保险、银行相信，他们在本世纪的第一个 10 年内，必须充分发挥'数字想象力'。"

"大数据是数字化举措的核心。在未来三年，全世界的公司将在大数据与分析技术上投入大量的预算，以便更好地理

> 企业向智能技术转型因为购买者投身了智能设备。

解自己的用户数字化习惯。数字化举措预算投入的前五位必须分别是：大数据及分析（28%）、移动设备（20%）、社会化媒体（20%）、云计算（19%）、人工智能和机器人（13%）。从上述预算可以看出大数据及分

析技术的核心位置。"

到2020年,大部分公司预计都会通过不同渠道收集用户数据。塔塔咨询服务公司为此提供了样本,展示全世界公司收集(计划收集)用户数据的情况(见图14)。

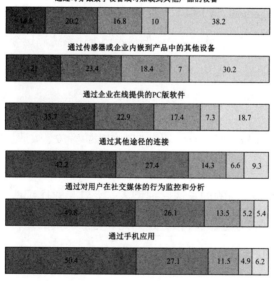

图14 收集用户数据是企业未来数年内最重要的策略

但是企业应该要当心。仅仅靠招募专家是不够的，要胜出，企业需要改变工作和思考的方式。

所有未高度数字化运营的公司都会打造 IT 基础设备，进入用户（雇员）信息化管理的时代。薪资管理、库存系统、客户关系管理系统（Customer Relationship Management，CRM）及企业内部沟通系统是传统信息化系统的核心组成部分。但是希望上述系统满足今天索取者的需求是不切实际的。企业需要实施和优化物联网系统，升级硬件系统以便面对未来的增长需求。

Airbnb 和 Uber，现在被视作思想解放、敏捷反应、十亿级别、大众市场的企业榜样。对于传统企业而言，这两家公司的增长速度很惊人，尤其是对比那些没有数字化的企业来看，更是如此。更加惊人的是，在下一个时代脱媒概念的到来。

下面的对比图形可以说明今天的企业必须要与时俱进（见图 15）。

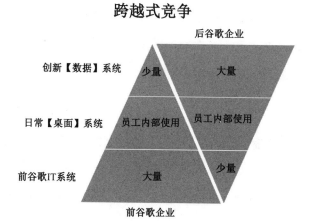

图 15　前谷歌企业正在升级 IT 系统以便使企业更加具备竞争力

引人入胜的博弈游戏正在展开。购买者正通过更多的数据和强大的"永远在线"体验来索取；而服务提供商和零售商正在测试每个用户的动机，并为此提供合适的解决方案。刚开始，我们可能找不到需要的东西，但下一微秒后，就有人提供 2~3 种可选产品和服务给我们。新的博弈游戏需要新的技巧和规则。

所以，我们现在正在学习如何优化购买正确产品的决策；我们正在学习如何优化发出的数据，及处理来自零售商和服务提供商的数据。我们必须学习如何使用新的工具协助解决上述两种技巧。

"决策"是非常复杂的科学过程，在18世纪早期它首次被韦朗·托马斯·贝叶斯用数学的方法表示出来，俗称"贝叶斯法则"。阿斯丘与库沃特两人将在线决策与贝叶斯法则完美结合，指出在线决策是个复杂的过程，需要时间去理解。同时他们指出在线决策不完全遵循经典范式（如贝叶斯范式），而是侧重于中间媒介如何影响决策输出。

新兴起的"企业用户"需要（想要）评估基于不同的设备的决策过程是否成功。智能手机技术和电脑是一样的吗？驱动零售的技术如智石技术（iBeacon）有什么作用？我们的设备固然可以简化支付和提供现场服务，但同时也自动化了我们的购买欲望。

iBeacon提供多种技术让客户可以现场获得各种优

惠及个人服务。以下是 iBeacon 的卖点：

- 音乐会上，你的手机可以自动创建乐队正在表演的曲目的播放列表。

- 餐厅里，你的手机根据你的卡路里摄入量推荐合适的食品；早上刚跑了 3 英里？上个甜品吧，没有问题的。

- 购物广场内，你的手机提醒你上次关注的新款已经到货。

- 医院里，医生走进病房前就对你的病情了如指掌。

- 工作会议上，你的手机会安排你去参加合适的论坛和主旨发言，顺便拿到相关资料。

- 棒球赛场上，你的手机会根据你的座位提示你可能能看到界外球还是本垒。

- 在火车站,你的手机会感知到你在站台的位置,提示火车是否准点并提示你在哪节车厢能找到位置。

- 机场里,你的手机会给你提供地图,告知你最近的电源插座,还能告知你航班是否晚点,还能给你提供机场商店的各种供应。

以上所有的进程都建立在数据相互交换的基础上。

到 2020 年,美国政府应该就数据收集、使用问题提出指导意见,

> 我们是升了级的买家,但我们需要学习更多技巧。

例如 Google、Apple 的市场里的 APP 开发者、广告商应该如何规范。所谓的"APP 法案"来源于美国联邦贸易委员会在 2013 年的一份报告。该报告发现:"感到自己移动设备上的个人信息受到控制的美国人不到 1/3。"我们所放弃的"个人数据"是具有巨大的想象力的,这个问题不是关于"他们手上有多少数据",而是

关于"他们打算用这些数据来干吗"。

将来,我们必须要懂得使用这些工具并开发出适合我们购买模式的技能。美国的塔吉特零售公司为消费者提供了一款非常有意思的工具——"Cartwheel",它是一款智能手机的 APP,可以通过扫描条形码对比价格。沃尔玛提供了一款名叫"Savings Catcher"的工具,使消费者能够对比购物小票与竞争对手的价格,如果发现哪种产品贵了,消费者可以在购物卡上得到资金返还,并可在下次购物时使用。当然这也是吸引回头客的一种策略。苹果的 Apple Pay 也在苹果商店内提供无压力的购物体验。亚马逊提供了 Amazon Prime,这是一款包含免邮、下载、音乐、视频等折扣的多层次程序。

但是索取者比在线购买者更加强大。他们收到信息的"地方"与收到信息的"方式"同样重要。有线电视和有线电话从 20 世纪 50 年代中期兴起,意味着家庭可以通过广播传输进行远程对话。以前的会客室是用来会见客人的,随着电视机的进入,它变成了客厅;广告可以通过电视、收音机、报纸直接插入每个家庭。营销人员只能在门外静候。

走出家门,促销海报成为电视、报纸广告信息的加强版。而其他促销信息,你可能要走到大街上才能接触到,例如店员扯着嗓子大喊的,"香蕉半价"、"橙子买2送4"等;而在超市里面,头顶上的降价牌总是出现在促销产品的上方。

过去,市场营销必须考虑家庭体验,一般是和家人讨论需要购买的产品;而很多时候,人们会受到邻居或者他人的影响。今天的营销不再局限于家里,它随着我们的设备到处飞。报纸变得越来越少,同时固定时间的电视节目也越来越少人收看了,人们更加喜欢选择点播内容。"不在家"意味着你可能在任何地方,为了追随你,必须要使用社交媒体广告。事实上,今天的零售商广告很多时候就是通过社交网络传播的。今天社交媒体广告增长速度惊人，有些地方达到了3位数。从2013年到2014年，社交媒体的销售增长了两倍。

"不在家"是心智的新战场，它有着很多不确定的影响。

过去被预言会死亡的实体商店（例如博特斯、HMV音像店、沃尔沃斯等）曾经是非常便利的零售商，现在可以自由地在它们的领土上展开厮杀，但必须应用互联网技术。只有部分有策略的商家才会胜出，它们会成长为大型零售商或者本地化小商店。

2014年6月，英国政府表示必须尽快打造手机APP来促进本地零售商的竞争力。计划包括尝试建立虚拟版本的利兹城市市场，人们可以在线下单并在玛莎百货的旧址大楼取货。另外，还有一项服务，可以让客户通过虚拟现实技术了解特定产品。

未来看起来非常有意思。今天的索取者通过深度学习,将变成未来网络空间的航海者。"网络空间"是相对现代化的术语,其概念在互联网出现后广为人知,正如 Google Ngram 说的一样(见图 16)。

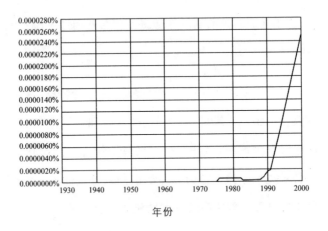

图 16 "赛博空间"不再是科幻小说的名词

关于未来我们在网络空间"如何生存"这个问题引起了广泛关注,除了心理分析和心理治疗外,很多知名人士在各种视角展开讨论,本书无法就此详细展开。但其中有个领域的研究与索取者有关,值得我们关注。亚历山德拉·莱玛教授在 2014 年 9 月发表文章写道："如果我们采用了某些看法，例如，德勒兹关于'虚拟不是现实的对立面，而是真实的对立面'，那么虚拟就是真实的。另外，这种虚拟对探究真实的可能性是有现实意义的。一句话，它隐含了不同想象力的种子。在此意义上，这种真实可以视为部分的、有瑕疵的；而虚拟空间可以就此提供解决方案，并在虚拟空间展开实验，待验证后一并推向真实世界。"

增强现实的零售装备、虚拟现实的展示、数字传感器的内连接等设备都可以让我们"增强"。作为索取者，我们将活在虚拟和现实世界，因为它们都是真实的。

产消者

1972年,马歇尔·麦克卢汉与巴林顿·内维特合著的《把握今天》一书中,预见了人类利用"电子技术"可以自我生产出类似商店中的产品来,成为名副其实的生产者。这是产消者时代到来的先见之明。但"产消者"这一术语直到1980年才被未来学家阿尔文·托夫勒在《未来浪潮》一书中首次引用。托夫勒认为,"积极的消费者"——产消者是部分希望提高产品和服务的消费者的发展之路,这也将改变他们作为消费者的角色(见图17)。

**图17 产消者是活跃的消费者,他们改变
了产品、服务和消费者角色**

一旦消费者可以自由地向生产商提供个人数据,并可以精确地提出个人需求,他们将成为产消者。企业根据这些数据信息,为消费者提供精确的产品和服务,完全整合了用户的需求。

这对企业是根本性的影响。过去,消费者是销售的"局外人",需要企业认真进行甄选,有时候还需要咨询他们的意见。在我所参与的企业中,消费者被当成另一种物种来讨论,完全无视著名广告商大卫·奥格威的经典言论:"用户不是傻子,他们是你的妻子。"而在今天的商业中,用户与公司的整合意味着消费者成为了公司雇员的一部分。实际上，让用户从普通消费者变成产消者不太容易，企业的转变也有点困难。

聪明的组织将会响应产消者的行为和需求，迅速调整自己的产品和服务。促成此事的是丰富的、互联网驱动的、消费者为中心的技术。思科提供了此类设备-设备的连接性增长的示意图（见图18）。

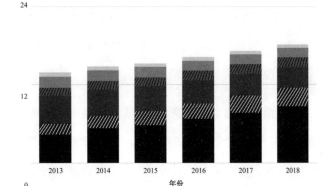

图18 数十亿台互联的设备

人们常说的"物联网"（Internet of Things，IOT），机器对机器的连接性不仅仅支持库存与仓库之间、仓库对智能电话之间的对话，还支持产品之间的对话。实际上，所有产品都可以内嵌软件，从而可以自由地收集与交换数据（见图 19）。根据麦肯锡咨询公司的预测，物联网在 2025 年对经济的影响将达到惊人的 3.9 万亿到 11.1 万亿美元。

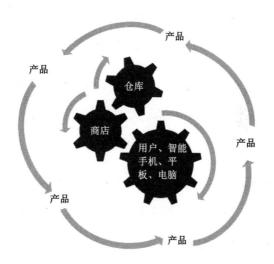

图 19　机器对机器连接支持商店、仓库与智能手机之间的通信

当我在亚马逊上下单时,不再需要一个面带笑容的销售人员处理我的订单。我只需要简单地从库存中"抽"出我要的东西,并注明收件地址即可。亚马逊马上将该购买信息纳入我个人购买历史中。如果我想知道我的消费模式及生活习惯DNA,亚马逊可以准确地告知我,它还可以清晰地展示我的"产消"贡献,及亚马逊产品针对我的需求所做出的改良。航空公司的APP也是这么干的,当你办理值机服务时,你可以选择座位;你等于做了航空公司值机柜台人员的工作。

随着物联网的发展,我们可以预见基于互联网的设备的爆炸性增长。实际上,过去数年来,硬件发展与软件发展一直遵循摩尔的指数增长定律。

将消费者变成产消者对企业而言是利益巨大的。他们非常乐意建立这种亲密的商业关系,如果企业可以很好地利用这种交互,产消者对于接受到的服务将非常开心。这种成熟关系可带来巨大的经济利益。企业可以变得非常袖珍，对着触摸屏即可满足用户的个性化需求。3D打印技术的廉价化及通用化将进一步刺激此增长。

下文将详述基于互联网的技术如何神奇地与人们互动。现在我们进入获取、固化、联合多种数据，合并虚拟和现实世界的时代，可以与敏捷的零售商一道，做出双赢的购买决策。

> 企业必须认识到它们是专业产消者的服务部门。

在创造索取者与产消者的过程中，互联网翻转了数百年来的销售进程，并创造了升级的、专业的购买者。

很少零售商与购买者进行这样的对话，但那些一直注重自助服务的百年老店已经思考便利这个问题了。索取者与产消者不仅仅是购买习惯的一种进步，他们是在消费者友好的信息技术支持下，现代购买者的心智改变（见图 20）。

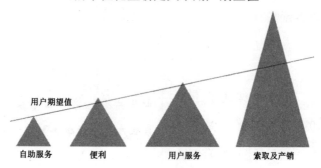

IT的个性化重新定义了用户期望值

用户期望值

自助服务　便利　用户服务　索取及产销

图 20　消费者通过互联网成为了专业的采购，对于产品、服务、购物体验提出更高的期望

这些消费者是上等的购买者，一个新品种。每次互联网技术的进步，都将极大地增强他们的能力与信心。

第五辑
娱乐升级：永不停歇
INDUSTRIOUS LEISURE

目前不是所有人都能访问互联网,但很快将每个人都可以。2014年6月1日,据可靠消息称,Google将花费10亿美元发射180颗卫星提供互联网服务,覆盖地球上2/3无网络访问的人口(约为48亿人)。这有点类似于Facebook的CEO马克·扎克伯格的言论,在2013年秋,他希望地球上所有人都可以连上网络,他认为上网是基本人权。

不仅仅是扎克伯格一个人这么想,美国政府也是这么想的,并在2011年5月16日通过了A/HRC/7/27号法案,称:"由于互联网成为实现人权、反对不平等、促进人类进程发展的不可缺少的工具,确保所有人都能上网是政府的头等大事。"这也就是说,作为基本人权,断网会成为人权犯罪和违反国家法律。只有为数不多的暴君、独裁者才会拒绝互联网。但很多人都认为限制特定的内容是有必要的。现在,某些情爱内容、儿童保护、煽动性内容、剽窃材料都是针对的对象。

一旦上网,互联网将成为我们内在的物质补偿部分,它成为了物理需要,一如睡眠、栖身处、性和温暖。正因为如此,互联网在我们的休息时间中,扮演着天生的、支配性的角色。正如 enough.org(创建于 1994 年专注互联网安全的网站)所言,互联网最大的影响是我们对情爱内容的无止境需求。黄色网站的访问量比 Netfilx、亚马逊、Twitter 之和还要高。实际上,互联网行业 30%是情爱,而移动情爱产业在 2015 年达到 28 亿美元。美国是最大的情爱 DVD、情爱网站生产商和出口商,而德国紧随其后。

Google趋势分析显示,"青少年情爱"的检索量从2005年到2013年间增长了3倍。而与青少年情爱相关的检索在2013年3月估计达到每日50万次,是所有情爱检索的1/3。根据对304个情爱视频片段的分析发现,88.2%包含有侵犯行为,大部分含有拍打屁股、口交等情节,48.7%包含有言语侵犯行为。作恶的施事者往往是男性,而受事者往往是女性。在Google中检索"兽交"可得到270万条记录返回。如果说情爱内容构成了互联网30%的数据传输,一点都不奇怪。

人类一直想方设法记录性体验,从最早的雕刻、壁画中都可以找到类似的证据。人类从不停止用新技术描述性行为——从早期的画、墨水、纸张、摄影、摄像到互联网。

对庞培城(译者注:意大利那不勒斯的一个古城)的挖掘可知,维多利亚人对于情爱文学文艺作品做出了功不可没的贡献,创造了情爱文学的概念,对其划分了意念界限并严格维护该界限。实际上,"pornography(情爱文学)"一词直到1857年后才进入英语的词汇中。情爱文学通过将性爱从视线中剥离进行创作,而互联网可以对它"再创作"——将性爱"带回来",通过图片进行描述。实际上,关于"再创作"的另外一个案例,性行为如在庞培城一样可以放到桌面讨论,这在前维多利亚时代是可以接受的。实际上在罗马,人们没有把性行为的图像当成"情爱的"而偷偷摸摸讨论,而是将它放在豪华、高端的位置。

有别于庞培城的画像被当成罗马生活正常的一部分,这种"再创作"引发了很多讨论,人们关注它是否应该严格禁止,防止其他不良影响。虽然人们明白情爱内容对青少年的影响,但这类刊物还是摆在了流行书架的最顶层,人们轻而易举地可以找到。

关于过度沉迷的问题,网络性爱对心理影响很大,类似于药物和酒精的心理依赖作用。专家们发现网络性爱上瘾行为明显增加。不难想象,未来随着在线性爱材料的丰富,这将成为很大的问题。尤其是在技术突破 2D 的限制后,当现实增强与虚拟现实真正到来的时候,这必然是充满挑战的。

一个叫红灯中心的网站拥有 200 万名用户,它是大型在线现实游戏(Massive Multiplayer Online Reality),类似第二生命或魔兽世界游戏,充斥着摇滚音乐和拉斯维加斯的疯狂气氛,当然还有性。在首次测试的时候,大家觉得它非常地低俗,但它后来却非常成功,很多人都乐意注册并使用它。红灯中心通过免费增值的模式开展业务:用户可以免费浏览、与其他用户聊天、在夜总会跳舞(不推荐);但用户必须加入 VIP 会员才能裸聊。而且网站内部流通的货币"Rays"和现实货币有着稳定的兑换价值,可以用来购买虚拟或现实的服务。网站提供主播女郎区,用户可以与主播进行虚拟情爱互动,并赠送虚拟的衣服鞋帽等无形财产。用户就算无法说服主播在现实中上床,也可以通过赠送物品进行虚拟性爱。

"很多专业的女主播在网站上赚了不少钱，"红灯中心网站的母公司的 CEO 布莱恩·舒斯特说道，"虽然很多用户每次只充值 2~3 美元，但很快就再次消费。"而女主播们需要支付一定的直播房间租赁费用。

印第安纳大学的布莱恩特·保罗相信："我们正式步入了虚拟性爱的年代，它已经非常接近真实。现在的交互式性爱技术已经非常尖端：可购性、可达性、匿名性三位一体。用户可以体验到更加真实的愉悦、震动、抽插等感觉。一个长着五英寸阴茎的男人可以驱动一根十英寸的电子阴茎设备并体验它对其他人的冲击。所以增强技术非常重要：它提供了增强人类性爱体验的机会。"保罗教授还说："我曾经见到一个颤动频率达到 120Hz 的人，你知道这意味着什么吗？技术可以提供超越人类的愉悦感，马上可以制造出超出人类期待的衍生物来。"

上述技术正在不断地涌现,越来越快。正如我上一章提到的,硬件的发展正以几何级数的速度发展,以便达到交互技术与物联网发展的需求。

值得一提的是,情爱产业必然引领着技术发展的浪潮。

虚拟性交

虚拟性交，也称为网络性爱，是一种远程的性爱技术（或者说，至少是一种远程的互相自慰技术），通过数据传输技术，参与双方可以达到触觉上的体验。

初创公司 Kiiroo 为此开发了非常棒的硬件——OPue，它是一款震动的人工阴茎，通过传感器连接了远程男性自慰者。女性爱抚 OPue 设备动作，可以通过 SVir 让男性感觉到同样的爱抚动作。很明显，这也将可以与情爱电影同步。Kiiroo 已经做了行业起飞的尝试，相信马上有很多公司投入更多的资源实现这种现实—满足—虚拟的交互工具。

我之所以选择情爱行业开始本章，主要是因为它大大地改善了我们的休闲时间。连接的流行和便利让我们可以更加通过指尖触摸到我们喜欢的事情。增强与虚拟现实技术的进一步发展，必然给我们带来更多自由的、多触感的体验，进一步模糊工作、休息和娱乐的边界。

> 不做爱的性交。

第五辑 娱乐升级:永不停歇
INDUSTRIOUS LEISURE

大型游戏

全球游戏市场(包括视频游戏平台、硬件、软件、在线、手游等)已经达到千亿美元级别。这已经超过电影产业,现在发布一款游戏,堪比电影发布会。

游戏的相关整个文化领域在互联网的助力下快速成长起来,促进着下一代游戏的发展。娱乐软件联盟的 CEO 迈克尔·D. 加拉佛认为:"从来没有一个产业像计算机视频游戏发展得这么快,充满创意的发行商和天才的游戏开发者持续加速与探索更新的游戏产品,提供无与伦比的体验。这些创新回过头来增强用户的连接性,提高产品的满意度,同时鼓励不同用户提出更宽广的需求来。"

有些数字可能让我们觉得惊讶:游戏用户中 53% 是男性,47%为女性;29%的游戏用户超过 50 岁(可能在某些游戏社区的协助下进行游戏)。游戏者开始养育了有着"游戏孩子"的游戏家庭:超过 1/3 的家长与孩子一起玩游戏(至少一周一次);超过一半每个月玩一次;16%的孩子与家长一起玩,40%与朋友一起玩,17%与配偶一起玩,34%与家庭其他成员一起玩。在一代人的时间内,计算机游戏从小众产品成为了大众媒体。大众游戏者的流动性大大增强,可以自由地进出游戏。

加特纳的研究员布莱恩·布劳说:"随着移动设备(智能手机和平板电脑)的持续增长,手游的体量增长速度将超过 APP。这种增长主要是用户对于多设备游戏的需求带来的,同时也对游戏内容的精美程度提出更高的要求。"

"游戏时间"不再是一个隔离的概念。很多人可以在午餐、咖啡的时间与朋友们一起玩游戏。根据 salary.com 在 2012 年的一项调查显示,64%的受访者坦承,他们每天都会在工作时间访问与工作无关的网站。

同样大规模渗透我们的生活的是在线赌博。全球约 51%的人口每年都会参与各种形式的赌

> 所有我们想玩的东西都可以 100%占有我们的时间。

博。互联网的兴起给这个行业带来了爆炸性的增长。实际上,在线赌博被证实是近年来增长最快的产业,净利润超过 300 亿美元。2012 年,增长速度超过 2.5%。而游戏的形式主要包括打赌、赌场、扑克。情爱、计算机游戏、赌博,这些都是随着互联网联系的流行和便利而增长起来的,并且成为了我们日常生活的一部

分，一如工作和休息。

在本章的开端，我提到了Google和Facebook的全球互联网建设的方案，这也是全球提高连接性的共同渴望。这些可能会驱动休闲活动的转变。互联网的出现，可以预见已经改变了我们消费电视、电影的范式。上一章提及的区块链技术将会从根本上改变我们观看电视和电影的习惯。市场已经向所有设备打开。各路大咖已经开足火力，索尼、亚马逊、Xbox、Google等都提供各种基于互联网的设备。虽然目前还处在发展的初期，但是不可否认的是它正发生着根本性的改变。过去我们认为，只有电视、收音机提供娱乐服务；它们是我们客厅家庭里非常温暖、发光的、舒适的物体。现在，所有的互联网娱乐都不再局限于电视和收音机，所有的设备都可以进行娱乐活动。

电视台现在广播的内容成为了我们口袋里的内容。新闻、天气、体育等都已经转移到我们的手机上了。这也就是说，我们操作着一个屏幕驱动的世界，我们都是屏幕一代。不管何时、何地，只要我们想看、想说，我们都能找到最合适的设备。在某个固定的地方、固定的时间观看某些内容已经成为历史，我们进入了互联网饮食时代，"不管你要什么，马上就到"。手机将占据越来越重要的位置。

根据思科的统计，在2012年，手机视频内容占据了50%的手机流量，在2014年年底达到了55%。这不仅仅给固定频道内容敲响了丧钟，还有电视卫星提供商，还有它们所组成的所谓的电视产业。电视本身应该不会受到威胁，它还是很重要的平台，且可以持续一段时间。但是电视基站、电缆提供商必须准备将之前的服务内容打好包袱，准备并为其他设备提供服务。

"广播"是一个逐渐死亡的产业，它正在被互联网慢慢取代，被各种基于互联网的设备慢慢侵蚀，最后终将失血过多死亡。随着智能手机和平板电脑的爆炸性增长,基于互联网电视、游戏平台的稳步上升,消费者逐渐习惯随时随地下载想要的内容。2013年10月,48%的美国成年人(67%年龄在35岁以下)每周都会观看或下载视频,而仅仅在6个月前,这个数字是45%和64%。同时,有些家庭可以认为是"有线的切割者",他们不再使用卫星电视,而是使用高速的互联网来观看视频节目。

如果在年轻一代中统计,这个数字将会更高。在18~34岁的年轻人中,接近1/4的人群关注Netflix或Hulu,不再打开电视机。益百利的高级营销服务分析师约翰·费托发现:"刚刚独立的年轻人,他们不再支付电视费用,收费电视正在不断减少。"美国有线电视用户的图表可以清楚地说明该问题(见图21)。

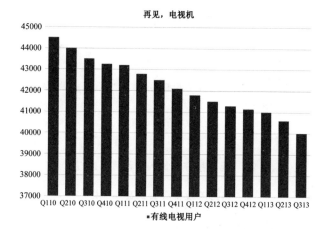

**图 21　互联网改变人们观看电视的方式，
人们更加乐意在线或缓存在设备观看**

内容驱动的节目在未来将与大内容提供商（如迪士尼、BBC 等）、基于互联网设备的内容销售者（Hulu，Netflix 和亚马逊 Prime）、基于互联网的硬件提供商（索尼、亚马逊、Roku、Xbox、Google 和苹果）一道出现。我们的休闲活动将如图 22 所示。

我们的需求

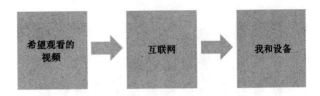

图22 无论身在何地人们都可以通过自己的设备观看到在线节目

休息和娱乐是工作之余的活动这种想法已经不合时宜。时尚的休闲活动逐渐成为主流,因为它们变得更加便利,我们正在吸收新文化和行为到我们的生活中。社交媒体已经被广泛接受并成为通俗知识的驱动,给大众市场带来了全球化的、可分享的内容。鸟叔的神曲"骑马舞(Gangnam Style)"的视频现在达到了20亿次的播放,在此之前,韩国之外的地方几乎没有人听说过他。到2015年11月,共有11首音乐视频被播放超过10亿次。

全能神现在不管何时何地都可以为自己的休闲找到合适的方式。我们升级了我们的休闲方式,实际上,休闲成为了我们的日常生活的永久性活动,而不是某些固定时间段内的活动。

第六辑
关系升级：我们都是亲友
IT'S ALL RELATIVES

我们是全能的数据包,我们将永生

人类可以将自己化身为有知觉的数据包储存。据叶夫根尼·格里戈里耶夫的统计,这些数据将达到 150 亿兆字节,或者说 750 亿台 16GB 的 iPad 容量那么大。之所以将我们称为数据,是因为我们可以把思想、欲望、行动转化成数据格式。现在我们还可以与其他来源的数据进行交互,其中有些交互我们知道,有些还不知道。

每天人们都通过互联网传输数据包,但这不是简单的传输,而是以让人震惊的速度收发、处理、再处理、过滤、连接、再连接、聚合、对比与储存。人们对于数字捐献的动机每天都在改变。人们乐意免费地提供个人数据给商业使用，因为大家渐渐明白数据产生的价值是双赢的，不管是对发送方还是接收方。

我们所见、住、行、买、聊、搜都会变成可储存和在传输的数据。从广义上讲，这种数据存储是结构化（如绑定信用卡后一键购买、人口普查数据、邮政编码、GPS 定位数据等）或者非结构化的（如社交聊天、邮件、视频和照片等）。人与人的交互比数据对数据的交互要更加清晰，因为还有皮肤接触的握手、眼神交流等。

实际上，数据如此高效地从设备中发出、推进、分析、反馈，乃至人们无法时时都意识到我们正在交流；交流是非常广泛的，哪怕人们独处、睡眠乃至死亡的时候，交流都在发生着。

人们的数字生活正在引发着各种问题,至少有部分伦理问题。例如查看爱人的数字生活或者在某人过世后继续用他的名义回复数据等,这也可以认为是我们个人永存在世,虽然实际上并没有。

第六辑 关系升级：我们都是亲友
IT'S ALL RELATIVES

大卫·鲍威与其不朽

艺术家大卫·鲍威的死讯正变成一件艺术品，对于创作他很有发言权。他的很多理念被认为与扎克伯格、佩奇、柏林一致。正如"拉撒路"唱道："现在所有人都认识我了。"谷歌的 Loon 计划（我想鲍威应该喜欢 Loon 这个名字）和 Facebook 的互联网卫星项目，目的都在于为地球上尚未有网络覆盖的地方提供网络服务。正如扎克伯格所言："我们致力于让整个地球连接起来，虽然这意味着要跳出地球。"如果在未来的某一天，如果有一个平台可以向全球发声，谁将是说出第一句"Hello world"（译者注：这是入门程序最常用的测试）的人？

鲍威过世的消息通过他的社交媒体账号第一时间发布，而他的儿子通过 Twitter 确认了该消息，好像只有一瞬间，所有人都获知了该消息。在鲍威过世的头七小时内，Twitter 上有 430 万条关于他逝世消息的记录，在头 24 小时内获知该消息的人难以统计，但所有能上网的人估计都知道了。在 2015 年年底，估计共有 34 亿互联网用户，占全球人口的 46%。你可以保守地说全球大概有 50%的人口获知了该消息，因为有些人也有可能通过其他网民的渠道获知此消息。在这么短时间内,全世界 35 亿人口通过鲍威的一个连线工具(译者注：指社交媒体)获知了该消息，只剩下另外 35 亿人不知道。

在现在这个时代，10 亿不是很巨大的数字，反而往往不足以计算某种数字，例如，2015 年上半年 Next Big Sound 上面的音乐流歌曲数量。音乐分析公司认为，流行的流媒体服务器上共有1.03兆亿首流媒体音乐（鲍威对此的贡献是巨大的）。据估计，2016年将有64亿"东西"连接到网络（比2015年增长30%）；在这些设备中每天一条信息是微不足道的，因为每天至少有2.3兆亿条分享的信息。在Whats APP上面，每年有11兆亿条来往信息，其中部分是分享（朋友圈）的信息。

鲍威的舞台形象包括他的生前和死后。他的死亡可以说是部分的艺术、部分音乐、部分活跃、部分沉寂，残酷的美。鲍威在此之前一直投身研究网络空间几何级数增长的可能性，在他人生的最后时刻，他将自己升级到数十亿种可能性。他的逝世可以带来兆亿级的交流、回复和评论。

鲍威的事件给我们的启示是：在人生的最后时刻上传的状态，引发了数十亿人的关注和兆亿级别的聊天，类似于拉撒路在死后的几天复活一样，在人间永生。

我们可以操纵自己的数据。"数字化整容手术"支持我们长成想要的样子，还可拥有多种个性。互联网上我们有多重版本的自我。我不是指心

> 人们可以随意上传各种版本的自我，如真实版本、可能版本、现实版本、量化版本，甚至死亡版本。

理疾病中的多重身份分离障碍（之前称为多重人格障碍）。多重身份障碍的病患希望拥有两种以上截然不同的身份。虽然在网络上，我们正逐渐模糊分离身份障碍和在线人格扭曲的边界。

苏珊·格林伯格通过大量的研究文献说明，社交网络支持人们构建"一种理想的自我（个人立志要成为但目前并未成为的那种人）"。所谓"可能的自我"可以就在"真实的自我"（在没有社交压力下匿名的自我表现）与"现实的自我"（在某种社会准则要求下的

自我表现)旁边。这三种"自我",可能、真实、现实,现在都可以量化。这些自我可以通过在线设备对一系列数据的输入而进行考察,例如:食物、空气质量、睡眠状态、激励状态、心情、血液含氧水平、葡萄糖水平、卡路里摄入、步行或慢跑的距离、心智表现等,当然还有体能表现。

据皮尤研究中心统计,有21%的人通过技术追踪了解自己的健康状况。

正如我们目前所见一样,自我量化的设备正在大规模上市,人们用来分析自己的数据和获得反馈。2013年,高德纳咨询公司估计"自我量化的可穿戴设备的市场规模"在2016年将达到50亿美元。市场的估值不可能涵盖所有的因素,但通过APP的数量可以预测到它的持续增长。

不需要交际的交流

我们现在正面临着一种非常规的自然进程——交流。我们是可以与他人（一群人或机构）交流的动物，我们可以通过不真实交际的方式展开交流，我们可以根据需要用不同版本的自我进行交流。因此，我们的数据传输是我们进化进程上的一大步，这是我们的上几代人不可想象的事情。至于说它到底能发展到什么地步、在人类的社会和情绪层面产生什么样的影响，现在下定论还为时尚早。但可以肯定的是，它必然显著地影响了人类发展的进程。

第六辑 关系升级：我们都是亲友
IT'S ALL RELATIVES

我们常常惊异于海豚的脉冲声音和哨声所组成的声波语言，但我们人类有过之而无不及。我们喜欢观察蚂蚁利用触角、触摸、声音的交流方式，但对比人类目前的连接和交际，它显得太弱了。

由于我们数据的价值和隐私性，目前已经有法例对其进行保护（例如英国在1998年发布的数据保护法例），现在还有专门的机构（信息委员会）保护数据。其他国家也有类似的保护机制，例如在美国，不同的州具有不同的法例机构。请看加州在2014年发布了两种法例，第一种要求网上数据可"擦除"；第二种要求网站公开其是否信守对用户数据"不追踪"的承诺。而马萨诸塞州最高法院要求邮政编码不允许含有个人信息。

这些法例都是顺应数据发展的潮流而产生和调整的，这也表明了对数据重要性的认可——每一个字节的个人数据都有如我们的身体和思想一样重要。

事实上,人类是"数据产物"

数据是万物,所谓数据即是用于机器对机器的操作及交互的数据。机器对机器的数据是物联网中交互的一部分。人类也是物联网中的一部分,因为我们也是一种"数据的东西"。你每次在亚马逊购物后,你的购买选择自然变成一种数据选择,并保存到你的个人数据档案中。接着,自动化处理进程将你的数据传送到仓库或者个人,甚至机器人,以便处理你的订单。随后,本次交易将进入反馈流程,并推荐相关的购物选择给你。机器在一年365天不停不歇地学习你的数据档案,一刻不停。

IDC预计到2020年，互联网上的交易数据将达到每天4500亿条。从本质上讲，在未来这么大量的交易会或将会不再需要人工介入。值得再次强调，从商业发展的角度来看，这是人类的一次大的飞跃。

有些交流在我们看不见的背后发生着。用于隐形用途的个人数据捐献的暴增比在线约会的速度还要快。

爱与性:一切都是数据

收入预测显示在线交友网站持续野蛮式增长。2007年,交友网站的利润为10.3亿美元,到2015年有望达到20亿美元。这些预测的依据是数字世界与现实世界的进一步融合,该行业在西方国家呈几何级数增长。例如,1/10的美国人使用在线交友网站或者交友APP,其中66%的用户通过网站或者APP约会,而23%通过这些网站或APP找到配偶或者长期的性伙伴。

当你舒服地坐在家里的沙发上、躺在床上,甚至在上班时间使用你的设备约会交友,本质上是你的数据在互联网上做配对操作,它在自动为你速配合适的伙伴。像 Tinder 这样的 APP 甚至使用基于位置的服务来寻找适合你数据的伙伴;你的数据在不断地游荡,寻找兼容的另一半数据。Tinder 每天可以达到 2100 万对配对成功。这些都是数字化配对,是我们数字化延伸的配对。这样海量的配对数字无法用其他方式达成。

HAPPn 比 Tinder 走得更深入一点,它的机制是这样的:你可通过 Facebook 或 Connect 等类似的授权注册登录,并根据年龄、性别等标准设定你对配对对象的喜好(比如,设置你的数据偏好),然后你能看到满足你条件的配对数据。不管何时何地,只要这些配对对象和你"擦肩而过",它们将显示在你的屏幕上,你可以通过简单的"赞"按钮发布"我们见一面?"的交流请求。

现在,连线和你擦肩而过的人、喜欢的人、从未谋面的人都变得非常容易把握,就像你能把握住今天一样。这是虚拟的惊喜之处。当然,被虚假数据所蒙骗的可能性是一直都存在的,谁都有可能碰到"catfish"(译者注:虚假身份)的人,catfish 一词来源于 2010 的纪录片 *Catfish*。该片揭示了真实的欺诈过程,它衍生了 MTV *Catfish: The TV Show*,曝光了人们在线交友过程的各种不确定因素。

据皮尤研究中心报告,54%的在线交友者表示他们所预见的对象"严重与现实不符"。其他研究表明,交友网站上的男人和女人都会"缩水"年龄、"注水"收入。但这些可以被克服,有些类似"Love Lab"(译者注:恋爱研究所)的 APP 可以通过高度精确的算法和检测手段认证更多的数据。你捐献的数据被认可程度越高,你越容易配对成功。

交友 APP 是否比前互联网时代真实交友更加"有效",是个关公战秦琼的问题。但现有的数据可以支持我们分析"有效期"的问题,例如,通过网络认识的夫妇婚姻持续的时间长短的问题。根据《经济学家》的数据,平均的婚姻存续期是 13.6 年。kiss.com 和 match.com 是最早的互联网交友网站,分别创建于 1994 年和 1995 年,所以这已经是一个成熟的市场。关系"有效期"的数据现在可以慢慢玩味。

> 现在把握他人的过去,犹如把握自己当下那么简单。

但这不是重点。从理论上讲,我们假设了完美的配对数据应该存续时间更长,同时允许一对多的关系的存在,包括提供更多的机会、潜在的淫乱,但这不是交友的初衷。在线交友是我们选择联系方式的重要指标。它的长期效应将会由其用途及目标来确定。

在前面，我谈到我相信互联网的作用不亚于对生拇指与语言。对生拇指是人类发展的先驱，它的存在让人们可以爬树、握住棍子和扔东西；还可以让女人在照顾孩子的同时继续寻找食物；它让我们有别于其他动物。而语言让人类可以分享知识、新闻和感情。

交友网站的爆炸式增长可以清晰地表明我们正在经历变革式的发展。地球上其他生物无法通过这样的方式完成远程、自动化、高精密度、隐形的交友。感情的简单语言陈述受限于地域，但互联网可以瞬间解决这个问题。

所以，我重复：这是人类另外一个飞跃式发展。

可以非常清晰地看出，上述联系是互联网带来的礼物之一。很明显，我们通过数据的联系比之前更广泛了。互联网的先驱者大卫·休斯预见了此事："地球上所有人口迟早将通过非互联网（Ubernet）相互'联系'，这将彻底干掉国家对个人的权利控制。当地球上所有人都可以通过网络相互联系，国家的作用力将越来越小，慢慢开始消失。"

自动化的相互联系驱动力将彻底重新定义沟通这个术语。在冰岛开展的一项实验指出了什么将率先出现。在线数据库"Book of Icelanders"（译者注：冰岛人之家）按照族谱收集了过去1200年来冰岛居民的信息，它还校对了冰岛脉络清晰的小众人口的DNA信息。一方面，收集此类数据是非常有价值的，另一方面，它自然也带来了不言而喻的问题。看到这么小的DNA库，你可能停止约会、（说得更加直白点）停止睡你的亲戚。随着时间的推移，这种同系繁殖会对基因问题带来潜在的威胁。同系繁殖会带来"纯质性"问题，它将提高后代携带缺陷基因的机会。这必然影响人口的优质性，要知道这是生存和存续的根本啊！

对于冰岛人来说,这一点都不好笑。所以一点都不奇怪,Book of Icelanders 提供了全新的智能手机

> 冰岛人升级了,避免了意外乱伦——啪啪前先啪一下你的 APP。

APP 帮助冰岛人避免意外的乱伦。如果冰岛人与近亲有可能的性行为,该 APP 可以起到警示的作用。"啪啪前先啪一下你的 APP"是它的口号,这个产品可能只会出现在冰岛,因为冰岛大部分人口从同一支祖先中繁殖出来,即 9 世纪的一支北欧海盗。Book of Icelanders 提供了冰岛几乎所有人口的基因信息。这是探究个人分享信息的一个奇妙的案例,同时也是所有人相互联系的有趣现象。

我们通过文字聊天、Skype、发送信息、拨打电话、视频会议,以惊人的速度分享个人信息。现在几乎无法统计我们建立了多少种联系,相信统计每天说过多少句话还容易点。这些说过的话是我们沟通中纯粹的片段。当我们诧异于人与人连接性的爆炸式增长时,

我们应该对自动化的分析、过滤感兴趣。伦敦大学皇家霍洛威学院开发的新技术可以找到社交媒体背后的"弱信号",并勾勒出真正的讨论内容的图谱。

搜索引擎提供了非常有用的双维度视角,一方面我们具备明白话语背后的"意思"的能力,另一方面可以发现"沉默的螺旋"隐藏的讨论。"沉默的螺旋"描述当个人发现自己的声音有别于网上的其他人时,选择保持沉默。

1971年,艾尔伯特·梅拉宾出版了一本名为《沉默的信息》的著作,该书中作者讨论了关于非语言交流的研究。该书认为,只有7%的沟通是通过口头完成的。音调、表情、外表、身体语言等都有参与交流。在该书出版后,对于该研究的真实性引发了广泛的讨论和辩论,但大部分的评论员都同意"语言交流只占交流的一小部分"这个观点。

对机器驱动的数据交流的"弱信号"的分析是了

解我们非语言交互行为的根本。这些数据可以用这种方式分析的原因是我们的数据捐赠是自由的。例如，推特上的回复，我们称之为"选择投入"数据。这不仅仅意味着可以自由捐赠数据，而且还是活跃地、自由地向所有人、所有机器捐赠。

自动化的数据分析构建了新形式的反馈。"推送通知服务"是根据我们的偏好设置的信息提醒服务。用户"订阅"不同服务器提供的信息"渠道"，当服务器有新信息即可自动发送到用户手机上。当然，"推送通知服务"是用另外一种方式描述交际。当我的英国航空 APP 将有关航班的重要信息推送给我，可以理解成一个自动化的值班人员在告知我下一步应该怎么做，不过该值班人员通过非常巧妙的方式向成千上万的人推送信息，但看起来像私人聊天一样。与客户的沟通变得非常个性化、高价值、有意义，但不是一对一的服务。我们已经发明的大众传媒体系重建了个体化品质。但这些"个体"分布在世界各地，用不同的方式进行交谈；聪明、神奇但不怪诞。这种个体的个性化如果做得好可以让用户感觉宾至如归，永不会觉得孤单无助。

推送通知服务很好地利用了移动技术，让用户觉得沟通不仅仅是发送信息，而是某种陪伴。正如我们是移动的，我们也是希望拥有或已经建立的某些关系。我们希望智能手机储存非常隐私的信息，也希望可以建立起与航空公司、零售商的个性化联系。图23非常清晰地描述了不同时期交际的发展历程。

我们依然使用父辈们接收信息的方式，乐此不疲，喜欢往椅子上一靠，听别人娓娓道来，这是最舒适的方式。听别人说得越多越依赖这种方式。这是传统、优秀的独白性广播，一对多的信息传播，它的生命力依然顽强。

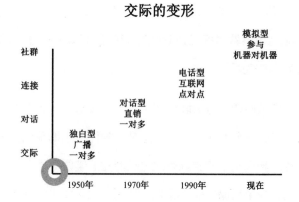

图 23 人们沟通方式变革进程

智利国家电视台 TVN 报道称,全世界超过 10 亿人通过电视观看了矿工大营救的节目,超过数百万人通过网络视频观看了该节目。在线直播服务公司 Ustream 称 530 万人观看了该节目,创下了最多观看纪录。前面两次分别是美国总统奥巴马的就职典礼,380 万人;2009 年 7 月纪念迈克尔·乔丹的节目,460 万人。

请看另外一个案例。YouTube 的当红游戏主播 PewDiePie 在 2015 年 6 月粉丝数量达到 3700 万，他的个人频道的视频获共有 90 亿次点播。他已经成为一个广播者，而且还是一个成功的广播者。根据《瑞典快报》的估计，PewDiePie 在 2014 年至少赚取了 700 万美元。根据德斯分析公司分析师伊恩·莫德说道："PewDiePie 成为了青少年眼中最具备吸引力的人。很难想象有人通过 YouTube 赚这么多钱，但试想一下，一半英国人口正在观看他的视频。"PewDiePie 主要的收入来源是广告，他现在像一个电视台一样运营着。

基于对话的交际（或会话）也在蓬勃发展，这是电话销售技术的在线聊天版本，一般来说，银行和电子商务公司会采用该方法。直接销售也在增长，因为技术的发展支持了个性化服务和量身定做的产品。用户提供了具体的需求，将会获得非常具体和定制的反馈。

互联网具备摧毁传统传媒的能力，但并没有这么干，而是重构了传统媒体的出路、给予更多的氧气和光明，以便它可以持

> 终有一天所有人都建立起联系，用表情包进行沟通，像前字母时代的埃及法老。

续繁荣。随着媒体的茁壮成长，语言扩散、繁殖、扎根。

表情包（emoji）有望成为首个全球化语言。学术研究称表情包在英国正在高速发展，其进化速度前所未有，已经先进过古代的交流形式，例如，象形文字。该结论来自班格尔大学的维夫·伊凡斯教授与电信公司 Talk Talk 的联合研究，其研究对象是使用小图标代替语言的"进化速度"。他认为："作为一种视觉语言，表情包的发展已经超过它的象形文字前辈，而后者的发展需要几百年。"

emoji 一词源于日语中的的"图形（e）"+"文字

(moji)"的组合，意为表情文字，该词在2013年被收录到牛津英语词典。说到使用表情包这种新型语言的经典事迹，莫过于网球明星安迪·穆雷在推特上只使用表情包记录他结婚当天的故事。苹果公司进一步推进表情包的全球化使用，不断地增加不同系统皮肤的笑脸符号。

班格尔大学的研究还发现了 18~25 岁的年轻人中，72%表示使用表情包比文字更容易表达情感。感情总归是一种"弱信号"，传递着非常重要和有价格的信息，从原则上来讲它是情绪化的。把我们的情绪转化成易于传输、可读性高的数据，那它传递给大规模潜在受众就变得简单、快捷。

交际语言的大厦，包括感情、弱信号、人文、语音、书面、绘画、音乐等，都会发生改变，因为它们已经转换成数据。

牛津大学罗宾·邓巴教授主导的研究（该研究后

来推导出了"邓巴数字"理论）测试人类智力所允许的人类拥有稳定社交网络的人数的最大值。这里的社交网络指个体之间相互认识并清楚他人之间的关系。邓巴认为这个数字是150。这里的150并不会阻碍著名歌手夏奇拉在Facebook上拥有10亿粉丝。这里讲的150指关系亲密的朋友。现在很多朋友仅仅是一个联系人，一个数据传输的连接点。

因此，一段音乐是一个共享文件；简单的情感可以转化成表情包；欲望可以打包成数据并实时向全世界发送。

我们站在多维度、人际交互的新篇章上。这些维度包括部分语音、部分手势、部分天性、部分数字、部分现实、部分虚拟、部分真实、部分自动。

第七辑
升级吧,人类
HUMAN, UPGRADE THYSELF!

在第二次世界大战结束后的1945年年底开始,大量的军人复原、遣返,人类重建家园;多个国家共同创建的联合国投入大量的时间和精力致力于提高人口的质量。这是一场迟来的"升级"。联合国的目的在于全球性的人类进步,这也是过去6年(乃至30年)的降级和战乱带来的共识。

联合国的发展神速。在其成立后的不到四个月的时间内,即1946年的7月到11月,成立了两个机构,升级数十亿人口的生活质量,强调教育和健康的重要性,并确保人们接受教育和健康的权利。他们的抱负是远大的，让所有人都有接受教育的权利，并让所有人都可以接触到最高的健康标准（见图24）。

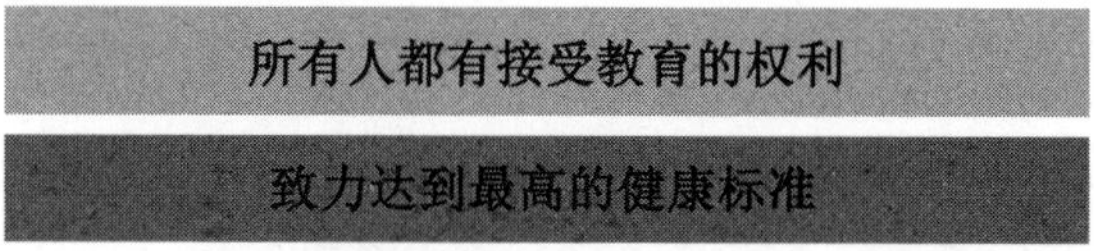

所有人都有接受教育的权利

致力达到最高的健康标准

图24　1946年联合国宣布，所有人都有接受教育和医疗的权利

世界卫生组织（World Health Organization，WHO）最早由联合国内51个国家和10个其他国家于1946年7月22日共同组建。1946年11月4日，联合国教科文组织（UNESCO）成立，其章程可以表达为一种信仰：为所有人谋求平等教育的机会。

从此，联合国教科文组织工作任务的一部分便是让平等的机会成为现实。1948年联合国发布的《世界人权宣言》称"所有人都必须有受教育的权利"（条款26），此后数个有法律约束力的文书都把教育作为基本权利封为圣典。

世界卫生组织的章程说明其目标是"让所有人达到尽可能高的健康水平"。该目标一直反复升级迭代，最新版本是这样的：

"健康是物理、心智、社会的总和，不仅仅是消除疾病。

"对于每个人，享受最高水平的健康标准是一项基本的权利，不论种族、宗教、政治信仰、经济或社会条件。

"全体人民的健康是和平与安全的基础，有赖于个人与国家的通力合作。"

用今天的说法来描述世界卫生组织的工作和联合国教科文组织的章程，它们是"全球福利"，或者更加广义地说，它们干得不错。在全球范围内，5岁以下孩子夭折的数量从1990年的1270万人下降到2013年630

万人；而5岁以下营养不良的孩子比例从1990年的28%下降到2013年的17%。另外，新艾滋病感染案例从2001年到2013年下降了38%；现存的肺结核病例也在持续下降，含艾滋病阴性肺结核致死病例。

2010年，全世界达成了联合国千年发展目标的饮用水安全的标准，由于检测的对象都是经过认证的水源，可能还需要更多的努力以达到医疗卫生的目标。

从教育方面来看，整个地球正在学习更多、成就更多价值并获得更多认可。从全球来看，更多的孩子获得了接受教育的机会，有机会获取日后工作和生活必需的技能。

联合国过去（目前）都是有实力和善意的，升级正在进行中。

国家之间联合成为新力量

目前,可以联合多个国家的实体理所当然地具备与众不同的力量。互联网虽然没有很宏大的战略,但它却具有巨大的促进作用。人类增强是其中的一种促进。互联网已经创造了新的学习环境和健康管理。互联网虽然不通晓联合国的章程、治理方式和规则,却实实在在地将很多联合国的项目以惊人的速度推广到全世界社会的各个阶层。正如我们看到的一样,学习、健康管理的发展速度与扩散范围在互联网的助力下取得不菲的成绩,我们的知识和社会福利的升级也将掌握在我们手中。

但这也有误区。不是互联网的全面覆盖与高速带宽本身给我们带来这些福利,而是我们不断发现"几何级数级别对生拇指"的技能帮助我们获得更大的进步,获得超出我们想象的进步(见图25)。

图 25　互联网的爆发意味着我们需要升级我们的技能

2015 年 9 月,经济合作与发展组织(OECD)的研究总结道:"一旦电脑和互联网成为我们私人与工作生活的中心,不具备通过数字场景阅读、写作、检索等基本技能的学生,可能会发现自己与身边的经济、社会、文化生活脱节。"

该研究通过对31个国家和地区的15岁青少年的计算机使用情况的调查，发现在学校使用计算机较

> 人们已经升级，但却不能知道该如何利用升级后的技能。

多的学生在 PISA 的表现中阅读和数学分数较弱。该研究在 2015 年 9 月 15 日发布，但实际上该研究是从 2012 年开始的，当时学生平均使用计算机的频率是：每周上网一次、每月操作软件一次、每月使用 E-mail 一次。而高分的学生在学校使用计算机的频率低于平均值。经济合作与发展组织教育与技能中心主任安德烈亚斯·施莱克尔（《学生、计算机与学习：相互联系》一书的作者）表示："每天上网的孩子表现最糟糕。"他是全世界首位发表探究学生数字化技能文章的人。该研究控制了收入和种族的变量，对比了两个相似学生的表现，发现使用计算机越多的孩子表现越差。而相比之下，在家使用计算机危害却没有那么大。在很多

国家，不少成绩表现不错的学生表示，在家每天使用计算机的时间为 1~2 小时。在该研究中的 31 个国家和地区里，15 岁的孩子每天花在计算机上的时间超过 2 小时。

为了升级我们自己，我们必须学会新的技能组合。就像我们学习走路、说话一样，我们的互联网技能来源于不断的失败尝试，来源于受伤及被误会。我们刚刚在互联网的世界学会了爬行，现在开始蹒跚地走在信息过载的交际世界，但我们坚信马上能变得熟练。一旦我们学会走路，我们将会跑；一旦我们学会说话，我们的社会和文化生活将变得更加美妙。

在教育和社会福利领域，互联网必然会带来更多的前期驱动、自我提升等有趣的东西，纵然有些未经验证。

翻转学习

互联网时代以前,教育是基于"一对多"广播式的系统,学校成为了"父母的替代品",行使父母的一些功能和义务;教师和教科书是100%的正确,且很多科目都是靠死记硬背的方式学习。目前很多国家依然采用这样的方式教学。

一个国家的文化往往是从教育开始的(文化的延伸往往也是教育),所以在法国,人们可能会知道谁是韦辛格托里克斯,或者知道谁打破了苏瓦松花瓶(答案当然是克罗维)。但是与法国相隔几英里的英国,人们可能知道威廉是征服者,或者知道哪个国王烤焦了蛋糕（答案当然阿尔弗雷德大帝）。但在广袤的世界，内容和传输有着一定的标准。实际上，"欧洲大学"现在是全球大学的模范，因为世界上第一所大学成立于 1088 年的博洛尼亚，而高等教育的模式到现在还没有改变。大学是传统意义上的好事，越古老意味着越有沉淀。

大学发展问题研究专家瓦尔特·吕埃格在他的著作《欧洲大学的发展》一书中说道："尚未有一所欧洲大学将自己的传统完全扩散到全球。但欧洲大学的学位体系（学士、硕士、博士）却被全球广泛接受。"数百年来，教育领域一些基本的原则一致被大家遵循。我教，你学；独立的机构组织考核；打分；授予相应的学位。

第二次世界大战以后，政府一直在教育领域倡议评估、授课、教材政策的改革，但是收效甚微。直到互联网出现的两年后，全球教育开始萌生新的变化。在 1993 年，艾利森·金发表了一篇文章，首次提出了基于互联网的教学和学习。这篇名为《From Sage on the Stage to Guide on the Side》的文章提出了在课外时间（而不是课堂时间）进行信息传输；课堂时间应该勇于构建信息的意义。本质上来讲，家庭作业应该在学校完成，而学校的任务应该在家庭完成。18年后，美国密歇根的克林顿戴尔高中（该州排名倒数5%的学校，52%的学生英语不及格、44%的学生数学不及格、41%的学生科学不及格）尝试开展了艾利森试验。从此以后，"翻转学习"、"翻转课堂"的理论传遍全球。该试验取得巨大的成功，英语的不及格率从52%下降到19%；数学从44%下降到13%；科学从41%下降到19%；社会学从28%下降到9%。2011年之后，翻转学校的不及格率从30%下降到10%；。毕业率达到90%；出勤率从2010年的63%上升到2012年的80%。

获取信息从来没有今天这么便利。几乎所有你想知道的事情在互联网上都能找到答案，而不仅仅是在维基百科上。

世界脑

作家 H.G.威尔斯在一些演讲中提到了"世界脑"的概念,他甚至在麦克卢汉预见互联网之前,就预见了维基百科的出现。受到无线广播的鼓舞,威尔斯预测以后每个家庭都可以通过电波接收到教育广播。他甚至还大胆预测,这些电波最终会将每个家庭都联系起来,并在全球范围内形成一张"网"进行信息传输。他相信在未来这张网会预警破坏性行为,并形成人类知识的"世界脑"。

威尔斯随后描述了"世界脑"的愿景——"它是心智的一种信息收集所,那里将是知识、理念收集、分类、总结、消化、净化和匹配的仓库"。威尔斯觉得技术的发展,如微缩胶卷,可以投入此类使用中,"在全世界任何角落的学生,都可以通过投影机与胶卷复制品便捷地查阅教科书、文献"。

今天,维基百科、YouTube、Twitter 和 Google 可以回答人们所有的问题。艾利森是对的,学校单向的知识传输是不利于知识的分发的。也有人担心此类"数字化分发"对于经济欠发达地区的孩子不利,他们可能受到计算机、带宽的局限而无法在家进行在线学习。现在,互联网的增值和固化开始逐渐解决这个问题了。图 26 详细列举了世界教育最好的前 20 名的国家和地区,同时列举了带宽最快的 20 个国家和地区,两组数据高度相关。

序号	优质教育排名	优质互联网排名
1	韩国	韩国
2	日本	中国香港
3	新加坡	日本
4	中国香港	瑞士
5	芬兰	瑞典
6	英国	荷兰
7	加拿大	爱尔兰
8	爱尔兰	拉脱维亚
9	爱尔兰	捷克共和国
10	波兰	新加坡
11	丹麦	芬兰
12	德国	美国
13	俄罗斯	比利时
14	美国	以色列
15	澳大利亚	挪威
16	新西兰	罗马尼亚
17	爱尔兰	丹麦
18	比利时	英国
19	捷克共和国	奥地利
20	瑞士	加拿大

图 26　全球教育最优质的国家和地区与互联网最优质的国家和地区之间有效相关

目前我们可以听到经常有人大声疾呼:"没错,这和国家福利密切相关。无法完善网络基础设施的国家,也不能为市民提供很好的教育。"但事实上,与图26有所不同,图27显示,GDP与学校教育之间的关系没有那么密切,主要是因为一个福利够好、对儿童教育投入够多的国家和地区,不一定能产生好教育的结果。

序号	优质教育排名	GDP排名
1	韩国	美国
2	日本	中国
3	新加坡	日本
4	中国香港	德国
5	芬兰	英国
6	英国	法国
7	加拿大	巴西
8	荷兰	意大利
9	爱尔兰	印度
10	波兰	俄罗斯
11	丹麦	加拿大
12	德国	澳大利亚

图27 虽然世界上最富裕的国家和地区与互联网基础设施最完善的国家和地区的教育很优质,但它们之间没有关联

序号	优质教育排名	GDP 排名
13	俄罗斯	韩国
14	美国	西班牙
15	澳大利亚	墨西哥
16	新西兰	印度尼西亚
17	以色列	荷兰
18	比利时	土耳其
19	捷克共和国	沙特阿拉伯
20	瑞士	瑞士

图27 虽然世界上最富裕的国家和地区与互联网基础设施最完善的国家和地区的教育很优质,但它们之间没有关联(续)

2015年3月,皮尤研究中心对发展中国家的一项互联网调查显示,64%的国家认为互联网的使用能对教育产生良好的影响。用手持设备可以随时随地学习,互联网就是联合国教科文组织的梦想了吧!

关于互联网学习中需要的"字节容量"有一些可以理解的疑问;另外,在线学习可能对注意力与生理发育造成一定的压力;但是互联网学习最大的优势莫过于跳过了学校的物理结构。慕课网(Massive Open

Online Courses, MOOCS）正将名师从学校的物理结构里转到线上的虚拟机构。慕课网的目的在于对所有人开放，其最大的体系莫过于Coursera，由斯坦福大学教授安德·嗯与达芙妮·科勒发起。到2015年，Coursera上共有1300万用户，并提供12种语言的服务，包括英语、西班牙语、法语、中文、阿拉伯语、俄语、葡萄牙语、土耳其语、乌克兰语、希伯来语、德语和意大利语；平台提供1027门课程；共有119所合作机构，包括密歇根大学商学院、弗吉尼亚州大学、西班牙IESE商学院、印度商学院、法国的HEC巴黎。平台上大部分课程都是免费的。

2014年4月，耶鲁大学校长里克·莱文（史上最成功的常春藤联盟学校的校长），离开耶鲁并受聘为Coursera的CEO。在现阶段，还没有人能预见全球教育市场马上或突然轰塌，但是里克的加盟还是很让人震惊，毕竟他在学术界是大名鼎鼎的。虽然Cousera的收入还没有公开（但可以肯定是平台超过120万用户付费用户，支付了 49 美元/人的授权费用)，但在一次采访中，里克表示："超过 73%的用户不在美国本土，而超过一半来自新兴经济体。"

互联网驱动的教育发展迅猛，跨越国家的界限，抵达传统教育不曾到达的地方。这不仅仅是"通识"教育，越来越多著名高校的加盟，让慕课网成为教育领域的重要力量。这也是"翻转网络"的例子。以前教育是一个网络，人们需要申请加入；现在它是一个单来源的产品，需要申请加入全球渴望受教育居民的网络中。

2015 年，最受欢迎的课程分别是：

- 佛教冥想与现代世界

- NUTR101x：健康营养导论

- 企业财务分析

- 硬件安全

- 管理学基础

- 数据挖掘模式构建

- 可视化设计

- 电子商务基础

- 谈判的艺术

- 算法、生物学及编程基础

上述课程反映了大家的选择课程范围比较广泛，但都可以在单一信息源找到学习的资源。现在讨论慕课网的效果为时尚早，但只要它朝着互联网驱动、去中介化的方向发展，它将不会被淘汰，其效果只能简单地增加、扩大。

慕课网的出现并没有取代大学本身的功能，正如VOD（实时点播）系统的出现没有取代电视，但它必然会有一定的影响。2015年10月，斯坦福大学发布了一项研究，认为在线学习技术的进步为学生在线或传统的学习都带来了极大的便利。该项研究关注传统课堂和在线学习的对比，其中发现远程学习的学生在遇到问题时很难获得教师的帮助（实际上，通过在线开展的所有人文干预都效果有限）。这种对比可能挺让人失望，慕课网现在还处在艾利森翻转学习理论中婴儿时期。但是，斯坦福大学的另外一名教授米切尔·史蒂文斯却持乐观态度，他指出："人们在未来需要的是终生学习，而慕课网可以提供这么多免费（或很少费用）的在线学习资源，难道这是坏事吗？"

确实是这样。我们无须根据课程的通过率来评判它的成功与否；对人类的现在和将来而言，动动手指即可学习就是最大的成功。学习永远都在，知识就在这里。教育不再需要去到特定的地方，它变成了人们触手可及的财富。

自然自在

经济合作与发展组织一项丰碑式的工作——"1820年来全球民生"的调查,显示从19世纪早期开始,全球福利都在持续增长,只有撒哈拉以南非洲地区例外。但与盖洛普健康福利调查指数综合在一起看,我们可能发现:对于我们大部分人来说,提高幸福指数是永无止境的。我们生活中的所有事情都可以进一步升级。

全球幸福指数最高的国家要算巴拿马。调研报告《全球国家幸福指数排名2014》对全球145个国家和地区的幸福指数进行排名，其排名的依据是居民对于三种或以上影响幸福的因子。美洲有 7 个国家排在全球幸福指数最高国家的前 10 里。在巴拿马之后分别是哥斯达黎加、波多黎各、瑞士、伯利兹、智利、丹麦、危地马拉、奥地利及墨西哥。而排在倒数 5 名的国家分别是突尼斯、多哥、喀麦隆、不丹及阿富汗。实际上在阿富汗没有居民可以获得三种或更多的幸福因子，即无"生活目标"、无"社交"、无"经济福利"。

就全球而言，高福利一般是社会稳定与适应性的产物，例如医疗利用率、迁徙意愿、可靠的选举与本地机构、日常压力、食物保障、志愿服务及帮助他们的意愿。互联网无一例外地促进了上述因素的发展。

来自英国计算机学会的研究人员在 2010 年 5 月 12 日发表报告称，发现互联网与福利之间存在某种连接。踏入信息高速公路比其他任何因素更能增加福利，包括在低收入和欠发达地区、发展中国家，还有让人惊讶的是女性也因为互联网大大增强了社会福利。一句话，上网让人们觉得比之前更加幸福。主导这项研究的社会科学家迈克尔·威尔莫特认为："简单而言，可以接触到信息技术的人幸福感要强很多，哪怕收入因素都比不上互联网重要。我们的研究认为，信息技术在人们生活中扮演着赋权的角色，让人们觉得更加自由及可控，从而大大提升人们的幸福感。"

另外一项关于移动设备辅助医疗和公共卫生实践（缩写：mHealth）

> 上网让人们感到幸福，真的。

的报告发表于2015年11月，它预计到2020年，mHealth解决方案的市场份额将达到591.5亿美元，该预测基于计算机年增长速度的33.4%，从2015年到2020年计算。该研究指出，mHealth解决方案的市场快速增长归功于"智能设备的覆盖率增长；针对慢性病的治疗设备与

mHealth应用的利用；昂贵的治疗费用让人们选择更加划算的治疗方案；3G、4G网络的进一步覆盖让医疗服务不间断；以病人为中心的医疗保健的增加"。

另一方面，数据泄露、FDA和EU严厉的法规、APPs选择缺乏指导性、传统医疗保健机构的阻力等都阻挡了mHealth市场的增长。另外，mHealth APPs目前在安卓和苹果应用商店上并不多见，这也是降低其增长速度的一个因素。上述因素将会改变，且mHealth市场会朝着研究指出的方向继续发展。

联合国志愿者报告（2015）指出，"技术是市民参与的重要工具"，它应该在全球范围内发挥更加大的效果。该报告强调，互联网加速了志愿者参与机会的速度、广度和多样性，不论线上还是线下，也不论涉及本地或全球性问题。

使用和滥用

我们可以升级自己。我们可以知道得更多,可以提高健康水平,可以精彩互联,但我们必须要知道如何去做。

管理互联网发展的速度要求具备和其他探索活动一样的生理和心智技能。我们需要勇气、能力、敏捷和经验,还需要清晰的计划,还需要知道如何利用新发现的事物,还需要知道有问题应该找谁。

我们凡事问 Google,赋予它至高无上的权力,让它成为我们的领袖,"谁、何物、为何、何地、何时、如何去做",这些词汇开始了我们与 Google 的交互。我们尚未认清该领袖会把我们带到何方的现实,亦未知该领袖是否能预知未来。如果 Google 突然消亡可能会引发混乱而不是悼念,因为它不具备情绪。

我们是可以利用互联网的物种,同时,可能也会滥用互联网。互联网没有道德和伦理的判断力,甚至法律都无法制约互联网。"黑网"为不法分子提供了各种便利,包括屏蔽不同的声音、入侵卫星、计算机犯罪、出售非法产品和服务。

在我们探索未来源源不断的福利的同时,我们必须学会另外一种人类基本的升级技能:持续的动态突变的整体影响。

我们今天的生活与10年前完全不一样,这在人类发展史上是从来没有出现过的:

(1)互联网是人类所建的最庞大的事物;不管在现在还是未来,它都比我们体量要大。它的几何级数增长速度超过我们的知识,并将继续这样增长。我们能做的事情就是不断地升级。

(2)互联网不断地延伸我们的能力,满足了我们更多物理需求。通过电子化,我们获得了巨大的成就,可以按时、按需地获得想要的产品和服务。距离、可用性、地域、天气等都不是障碍。

(3)互联网产生了一批长者、智者,我们可以随意使用他们的经验。维基百科、Google 和 YouTube 几乎可以回答我们所有问题,政治家、牧师和老师都无法做到这一点。我们创造世界脑,不同的声音在这里汇集到一起。

(4)我们可以随时随地和任意人对话;我们可以用各种身份与之对话。我们可以在不交际的情况下交流,让数据在网络空间自动传输,匹配我们的欲望。我们甚至在死后还能进行交流。

(5)我们可以到达任意地方并能迅速了解当地文

化。这个星球上再也没有地方我们无法看到、无法抵达、无法交流;我们甚至可以离开这个星球;我们可以在同一个时间回访所有到过的地方(译者注:指通过数据进行回忆)。我们所有的出行体验都保存在某个容器中,当我们想再次访问时,随时可以打开。

(6)我们现在是智能系统里面的智能物体。我们具备操控性,系统也具备操控性。我们是"合作的"、可操作的物体,相互依存却又相互独立。

(7)睡眠、走路、进食、对话、娱乐、购物、约会、学习、庆典、游戏及休闲等都因为互联网的渗透而发生了改变。可以认为这些是受DANTI的影响,即数据(Data)、自动化(Automation)、新技术(New Technologies)与互联网(Internet)。

(8)我们的数据连接和行为与DNA一样,影响巨大。在交友约会中,它成为了使能器(enabler)。过去,DNA是人类特征的过滤器,例如长相、说话方式。现在人类成为了数据物体,数据的 DNA 可以根据不同的目的准确地表现我们自己,例如,寻找一个合适的性伙伴。

(9)互联网让我们在商业中更加足智多谋,我们拥有的工具与卖家手上的一样。关键是我们所有人都具备这个工具,卖家不再能把我们分隔开。大众营销必须与个性化同步才有机会做成生意,现在所有人都是潜在客户。

(10)我们将永存。对于过去 20 年出生的孩子而言,网络生活与呼吸一样自然。但当我们停止了呼吸,我们依然存活在互联网世界。我们在网络上创建的所有事情、达成的所有成就、失去的一切、见证的一切永不会消失(我称为升级)。

互联网的发展让我坚信未来五年的生活和现在截然不同。我们正以前所未有的速度发展,将会落足在一个意想不到的地方;我们每个人都会找到自己的落足点，找到与众不同的飞行轨迹。只要我们出发，再落足之时，我们已经改变了。

我们变革了做事情的方式，改变了对自我的认知，改变了真实的自我，改变了人们如何看待我们的变革及如何连接这些变革；变革了我们与他人相互连接的方式，变革了对事情轻重缓急的认识。本次人类升级从生理上、心理上、情感上给我们带来了前所未有的挑战。

我们能力的延伸、永不停息的升级速度要求我们跟上其步伐，要求我们明白任何事情都可能会从根本上发生改变、突变、增强或瞬间消失。未来延伸出的"无限可能"与我们目前"不断重新定位"一致。我们很快就懂得如何在互联网世界变得更加老练，懂得从本质上重构我们的世界，我们将齐心协力，如大风冲刷般，塑造出另一番风光。

在升级的滚滚洪流里，有人脱颖而出，有人跟不上步伐;这无关性别、种族、年龄、社会经济地位、国籍;这和"升级能力"有关,这也是本书一再强调的观点。这是一项影响最广泛的(物体的、虚拟的、数据的)"泛人类"信息性程序,需要我们重新教育、报告、再培训自己和下一代。在新的人类变革管理教学大纲中,可以找到关于培养、建议、支持(如中小学、大学、医疗、心理分析、社会福利、健身等)。

前景是光明及能达到的,只要我们能够充分了解互联网带来的影响。我们眼中网络空间里无数闪耀的星星会加速来到我们的身边。

© Andy Law 2016
Copyright licensed by LID Publishing
arranged with Andrew Nurnberg Associates International Limited

本书简体中文专有翻译出版权由 LID Publishing 授予电子工业出版社。专有翻译出版权受法律保护。

版权贸易合同登记号 图字：01-2017-0691

图书在版编目（CIP）数据

活在网络里：大升级时代的人类新进化/（英）安迪·劳（Andy Law）著；郑常青译. —北京：电子工业出版社，2018.1
书名原文：UPGRADED: HOW THE INTERNET HAS MODERNISED THE HUMAN RACE
ISBN 978-7-121-32959-3

Ⅰ. ①活… Ⅱ. ①安… ②郑… Ⅲ. ①互联网络—普及读物
Ⅳ. ①TP393.4-49

中国版本图书馆 CIP 数据核字（2017）第 262438 号

出版统筹：刘声峰
策划编辑：黄　菲（fay3@phei.com.cn）
责任编辑：高莹莹　　　文字编辑：徐学锋
印　　刷：三河市华成印务有限公司
装　　订：三河市华成印务有限公司
出版发行：电子工业出版社
　　　　　北京市海淀区万寿路 173 信箱　邮编 100036
开　　本：900×1 280　1/32　印张：7.125　字数：107 千字
版　　次：2018 年 1 月第 1 版
印　　次：2018 年 1 月第 1 次印刷
定　　价：50.00 元

凡所购买电子工业出版社图书有缺损问题，请向购买书店调换。若书店售缺，请与本社发行部联系，联系及邮购电话：（010）88254888，88258888。

质量投诉请发邮件至 zlts@phei.com.cn，盗版侵权举报请发邮件至 dbqq@phei.com.cn。

本书咨询联系方式：1024004410（QQ）。